새 전문 수의사가 알려주는
앵무새와 오래오래 행복하게 사는 법

Original edition creative staff:

Illustrations: BIRDSTORY, Hideo Soneta (Soneta Finish Work)
Book design: Naoki Kurosu
Editor: Aya Ogyu (Graphic-sha Publishing Co., Ltd.)

새 전문 수의사가 알려주는

앵무새와 오래오래

— *All about Parrots* —

행복하게 사는 법

에비사와 카즈마사 지음 | 이진원 옮김 | 김성룡 황병윤 감수

매일 트위터로 소통을 시작한 지도 벌써 1년이 지났다.

내가 SNS를 시작한 것은 나름의 계기가 있었다. 새를 키우는 사람에게 새와 관련된 정확한 지식과 사육방법, 정보 등이 제대로 전달되지 않거나 잘못된 지식이 공유되는 상황을 접했기 때문이다. 요즘은 새를 키우는 사람들이 SNS를 통해 활발하게 정보를 교환한다. 그런데 사람들은 출처가 명확하지 않은데도 SNS에서 얻은 정보를 쉽게 믿는 경향이 있다. 예를 들어 누군가가 'ㅇㅇ동물병원에서 ㅇㅇ는 주지 말래요'라고 올리면, 그것이 올바른 내용인 것처럼 공유되고 확산된다. 단순히 수의사 개인의 생각일지도 모르는데 말이다. 인터넷 기사도 공유를 반복하다 보면 원래 정보와 다르게 변질되거나 애초의 취지와는 다르게 해석되기도 한다.

SNS 정보를 무작정 받아들이다 보면 새에게 하면 안 되는 행동, 주면 안 되는 금지 항목이 점점 늘어난다. 그런데 서점에 가면 강아지, 고양이 책은 많지만 새에 관한 올바른 정보를 담은 책은 거의 없다. 정보의 옳고 그름을 판단할 방법이 없는 셈이다. 그래서 매일 조금씩이라도 올바른 지식과 정보를 공유하자는 생각에서 SNS를 시작했다.

나는 고등학생 때 '포코'라는 이름의 모란앵무를 키운 적이 있다. 그 무렵 얻을 수 있는 정보는 브리더가 쓴 사육서가 전부였다. 포코는 온순해서

방 안에서도 잘 날아다니지 않았고 어깨에 올려놓으면 얌전히 앉아 있곤 했다. 당시에 나는 모란앵무는 나는 것을 좋아하지 않는다고 생각해서, 마당에서도 어깨에 올리고 시간을 보냈다. 만약 그때 SNS가 있었고 그 모습을 찍어 올렸다면 분명 누군가가 주의를 주었을 것이다.

그리고 마침내 그 일이 일어났다. 새라는 생물을 이해한다면 당연히 짐작할 수 있는 일이다. 그날도 여느 때처럼 마당에서 함께 시간을 보내고 있는데, 갑자기 포코가 날아가 버렸다. 수직으로 날아오르더니 내 눈앞에서 사라졌다. 필사적으로 찾아보았지만, 지금처럼 잃어버린 새의 정보를 공유할 방법도 없었고 자전거로 갈 수 있는 범위에 전단지를 붙이는 것이 고작이었다. 결국 다시는 포코를 보지 못했다. 매일 밤 울며 잠든 기억이 생생하다. 지금도 가끔 생각이 나는데 그때마다 울컥한다.

포코를 잃고 나서야 깨달았다. 고작 앵무새 한 마리를 길러보고 새에 대해 다 아는 것처럼 행동했던 내가 얼마나 어리석었는지. 부디 다른 이들은 이런 경험을 하지 않았으면 한다.

내가 SNS 중에서도 트위터를 선택한 데는 '트위트tweet'가 새와 관련 있다는 이유도 있었다. 현재 많은 사람들이 나의 계정을 팔로우하며 정보를 공유하고 있어 얼마나 고마운지 모른다. 출간을 준비하면서 반려조 사육자가 알아야 할 내용을 선별하고, 그동안 트위터의 제한으로 전하지 못한 자세한 설명을 첨부해 한 권의 책으로 묶었다. 사랑하는 반려조와 함께하는 버드 라이프에 작은 도움이 된다면 정말 기쁠 것이다.

에비사와 카즈마사

—— 차 례 ——

Chapter

04

~~~~~~~~~ 앵무새의 질병과 병원 ~~~~~~~~~

Chapter

01

앵무새의 생활과 케어

앵무새를 매일 돌보는 것이야말로 사육자가 해야 할 가장 중요한 일이다.
최신 과학 정보와 연구에 기초한 케어로 사랑하는 새의 건강을 지키자.

무리해서 새장에 덮개를
씌우지 않는다

●

새장에 덮개를 씌울 때는 주의를 기울여야 한다. 사람들이 아직
잠들지 않았거나 외출 후 막 집으로 돌아와서 새장에 덮개를 씌우면,
앵무새는 '왜 아무것도 보이지 않지?', '왜 놀아주지 않지?'라는 생각을
하게 된다. 앵무새가 활동적인 상태라면 함께 시간을 보내도록 하자.
단, 지나치게 늦은 밤까지 깨어 있는 것은 좋지 않다.

매일매일 '오늘도 즐거웠어'라는 생각으로 하루를 마무리한다면
그것이 행복 아닐까? 사람도 새도 마찬가지다. 새장 밖의 즐거움을
아는 새에게 새장 밖 활동이나 사람과 접촉하는 시간은 매우 중요하다.
집에 돌아왔을 때 앵무새가 새장 밖으로 나온다면 늦은 시간이라도
잠시 놀게 해주자. 그래야 하루가 행복하게 마무리된다.

tweet

가끔 발정을 억제하려는 의도나 소음 방지 또는 불빛 차단으로 깊은 잠을 자게 하기 위해, 귀가 후에 바로 새장 덮개를 씌우는 사람들이 있다. 잠자는 시간을 앞당겨 발정을 억제하겠다는 것은 이론적으로는 맞는 말이다. 하지만 나는 이 방법을 권하고 싶지 않다. 앵무새는 감정이 풍부한 생물이란 점을 잊어서는 안 된다.

새의 입장에서 행복하고 건강한 생활을

이제나저제나 사육자가 오기만을 기다리던 새의 입장에서는, 귀가하자마자 바로 새장의 덮개를 씌우는 것은 기대를 저버리는 충격적인 일이 아닐 수 없다. 새도 원하는 욕구가 충족되지 않으면 스트레스로 이어진다.

새가 이미 자고 있거나 자려고 하던 상태라면 새장의 덮개 씌우기는 아무 문제가 없다. 그런데 새가 아직 활동적인데 새장의 덮개를 씌워 강제로 어둡게 하거나, 사람이 잠들지 않은 상태에서 생기는 생활 소음과 대화 소리가 들린다면 사람을 볼 수 없다는 것이 스트레스의 원인이 된다.

깃털 뽑기feather flucking는 스트레스의 징표

클리닉을 찾은 벚꽃모란앵무의 사례를 소개하겠다. 어느 날 아침 덮개를 벗기자 새장 바닥에 깃털이 우수수 떨어져 있었다고 한다. 진찰해 보니

몸의 여기저기에 털이 뽑혀 있었다. 평소 사육자는 밤 10시에 귀가하는데 새의 발정을 억제하려고 귀가 즉시 새장의 덮개를 씌웠다고 한다.

그래서 새장 덮개를 당분간 사용하지 말고, 귀가 후에는 새가 만족할 때까지 함께 시간을 보내라고 충고했다. 또한 잘 때도 사육자가 잘 보이는 곳으로 새장을 옮기게 했다. 그 후 모란앵무는 서서히 깃털 뽑는 행동을 멈췄고 원래 모습을 되찾았다.

앵무새가 스트레스를 받으면 어느 날 갑자기 깃털 뽑는 행동을 시작한다. 만족스러운 날이 계속되어야 행복감을 느낀다. 여러분의 앵무새가 하루하루 만족스러우며 즐거운 기분으로 마무리할 수 있도록 노력하자.

그렇다고 늦은 밤까지 깨어 있는 올빼미 생활을 하라는 것은 절대 아니다. 그런 생활은 바이오리듬을 깨지게 한다. 대개는 사람이 잠들면 앵무새도 잠들게 되므로 건강을 위해 일찍 자는 습관을 들이자. 참고로, 식사 제한을 잘하면 생활하는 시간이 조금 길더라도 그것이 발정을 강하게 자극하지는 않는다.

목욕의 비밀

·

원래 서식했던 지역에 따라 목욕 횟수가 다르다

앵무새류나 핀치류에게 목욕은 깃털의 오물을 제거하고 정상 컨디션을 유지하는 데 빼놓을 수 없는 방법이다. 또한 피부 보습, 체온 낮추기, 스트레스 해소 등의 역할도 한다. 기본적으로 앵무새들은 목욕을 하지 않더라도 육안으로 보고 알 수 있을 정도로 깃털의 상태가 나빠지지 않는다.

목욕의 목적은 보습 외에도 깃털에 붙은 오염물질을 털어내고 체온을 내리며 스트레스를 해소하는 것이다. 새 중에서도 핀치류finch의 대표격인 문조는 날개 깃털이 엉키기 때문에 반드시 목욕이 필요한 반면, 앵무새류는 그 정도까지는 아니다. 보통 온도가 높고 습도가 낮을수록 목욕 횟수가 늘어나지만 종과 개체의 차이가 매우 크다.

tweet

적절한 목욕 횟수를 확인하는 방법은 간단하다. 새가 원래 서식했던 지역의 강수량을 생각해보면 된다.

예컨대 흰유황앵무(엄브렐러 코카투)나 금강앵무, 아마존앵무, 회색앵무, 로리앵무처럼 열대우림 기후 지역에 서식하는 새들의 경우, 건강하다면 일주일에 두 번 정도가 좋다. 야생 환경에서는 비가 내릴 때 목욕을 하게 되므로 새가 싫어하지 않는다면 샤워기를 이용해도 된다. 목욕을 하는 횟수나 방법에 대해서는 개체마다 차이가 있으므로 자신의 앵무새가 목욕을 좋아하는지 아닌지 관찰이 필요하다.

스텝 기후나 사바나 기후 지역에 서식하는 사랑앵무, 왕관앵무, 큰유황앵무(그레이트 코카투) 등은 목욕 횟수가 적어도 문제가 되지 않는다. 애써 목욕을 시킬 필요가 없고 새가 원하는 타이밍에 하면 된다. 목욕을 자주 하면 오히려 깃털의 상태가 나빠질 수 있다.

핀치류 중에서도 열대우림기후 지역에 서식하는 문조는 목욕이 필수다. 목욕 횟수가 부족하면 깃털이 뭉치거나 엉덩이가 더러워지므로 매일 하는

편이 좋다. 같은 핀치류라도 스텝 기후 지역에 서식하는 새들이나 금화조, 호금조는 목욕을 자주 하지 않아도 깃털이 엉키지 않는다.

목욕을 좋아하던 아이가 갑자기 달라졌다면

새의 종류에 따른 목욕 횟수의 차이는 분비물과 관계 있을 수 있지만 아직 명확하게 알려진 바는 없다. 앵무새 중에는 물에 들어가는 것을 두려워하는 개체도 있다. 야생 상태에서는 같은 무리가 목욕하는 모습을 보고 학습하는데 그럴 기회가 없었기 때문일 가능성이 크다.

이 경우에는 사육자가 새를 잘 잡고 배설공 주변의 눈에 보이는 오물을 씻어주자. 빈뇨나 설사, 처리 미숙 등으로도 엉덩이가 더러워질 수 있으므로 만약 오염이 심하면 병원을 찾아 진료를 받도록 한다. 앵무새들은 위에서 물을 끼얹는 샤워 방식의 목욕이 좋고, 핀치류는 큰 용기에 몸을 담근 다음 몸과 배설공 주변의 오물을 제거하는 목욕이 좋다.

새들은 주변 온도가 높거나 스트레스를 받을 때 목욕을 자주 하는 경향이 있다. 평소보다 목욕을 자주 한다면 사육 환경을 체크하고 무료한 시간이 너무 길지 않은지 점검하자.

패닉의 이유

•

새도 사람도 경험을 통해 배운다

천둥 번개와 같이 깜짝 놀라는 상황에서 앵무새의 행동은 두 가지 패턴으로 나뉜다. 긴장하면서도 주위를 확인하고 상황을 판단하는 유형, 그리고 반사적으로 날아올라 새장 안에서 패닉 상태에 빠지거나 벽에 부딪히는 유형이다. 새가 어떤 행동을 하는지는 경험과 개성에 따라 다르다. 처음에는 무슨 일이 일어났는지 모르기 때문에 긴장하지만 여러 번 경험하면서 생명에 지장이 없다는 것을 학습하면 점차 긴장하지 않게 된다.

그러나 몇 번을 경험해도 익숙해지지 않는 새들도 있다. 순간적으로 몸이 반응하는 개체들은 상황을 판단하지 않고 도망치려고만 한다. 때문에 놀랄 때마다 패닉에 빠진다. 같은 종이라도 개체별로 차이가 뚜렷하다. 만일 내 앵무새가 쉽게 패닉에 빠진다면 야간에는 바로 불을 켜서 상황을 판단할 수 있도록 해주자. 또한 야간에 취침등을 켜두는 것도 방법이다.

가끔 말을 걸거나 손을 뻗어 진정시키려는 사육자도 있는데, 이런 행동

앵무새는 깜짝 놀랐을 경우에 2가지로 반응한다.
그 상황이 무엇인지 판단하려는 새와 일단 도망가려는 새다.
곧바로 날아서 도망가려는 새는 패닉 상태에 빠져 날개를 다치기 쉽다.
특히 밤에는 잘 보이지 않기 때문에 더욱 폭주하는 경향이 있다.
빨리 불을 켜서 진정시키거나 야간에는 취침등을 켜두자.

도 새의 성향에 맞춰서 해야 한다. 사람의 목소리나 손 때문에 오히려 상황 판단을 하지 못하는 개체도 있다. 사육자라면 자신의 앵무새가 어떤 성향인지 알고 있어야 한다.

유리창 안에서의 일광욕은 NO!

—

모든 새는 꼬리기름샘에서 비타민D 전구물질을 만드는데 이것이 햇빛을 받아 비타민D로 전환된다. 이때 필요한 빛이 UVB *ultraviolet-B*인데 유리는 이 빛을 거의 투과하지 못한다. 따라서 유리창 안에서는 일광욕 효과를 기대할 수 없다. 일광욕은 꼭 직사광선일 필요는 없으며, 방충망 너머로도 충분하다.

사람이 먹는 음식은 NO!

—

많은 사육자가 앵무새를 즐겁게 해 주려고 애쓴다. 그러나 즐거움 뒤에는 고통이 도사리고 있음을 기억하자. 사람이든 새든 모든 기대는 앎에서 시작된다. 예컨대 기호성이 높은 사람의 음식을 한 번 맛보게 되면 또 먹고 싶다는 기대감이 생긴다.

기대가 충족되지 않으면 새도 스트레스를 받는다. 사람의 음식 맛을 몰랐다면 결코 받지 않았을 스트레스다. 실제로 사람 음식을 먹는 새들에게서 깃털 뽑기 행동이 자주 나타난다.

새가 사람의 음식을 먹는 것에 대해 대수롭지 않게 여겨서는 안 된다. 만약 내 앵무새가 사람의 음식 맛을 알아버렸다면, 가능한 한 먹는 모습을 보이지 말아야 한다.

펠렛을 토하는 이유

•

펠렛을 빨리 먹으면 문제가 생길 수 있다

앵무새가 펠렛을 먹는 방법을 살펴보면 ①잘게 부수어 먹기, ②삼킬 수 있는 크기까지만 부수어 먹기, ③삼킬 수 있는 크기라면 통째로 먹기, 이렇게 세 가지 유형으로 나뉜다. 어떤 유형이든 천천히 혹은 물과 함께 먹거나 펠렛을 물에 적셔 먹는다면 문제가 거의 발생하지 않는다.

펠렛을 먹은 후 토하거나 뱉는 것은 목구멍이나 식도가 막혔기 때문이다. 통째로 삼키거나 급하게 먹는 앵무새들이 자주 토하는데, 이런 행동을 반복하다 보면 기도로 들어갈 위험이 있다. 통째로 삼킬 수 없는 크기의 알갱이로 바꾸거나, 잘게 부수어 주거나, 조금씩 주어서 단숨에 먹지 못하도록 하자.

그런데 물 없이 펠렛만 급하게 먹어치우는 앵무새가 있다. 즉 식도에 먹이가 남아 있는 상태에서 또 삼키는 것이다. 이러면 당연히 식도에 먹이가 쌓여 막히게 된다. 막힌 펠렛이 불편하면 목을 굼실거리거나 구역질을 한다. 실제로 토하는 경우도 있다. 먹이를 먹는 중에 이런 모습을 보일 때는 기도가 막힐 우려가 있으므로 먹이 주는 방법을 바꿔야 한다.

보통 제한 급식을 하는 새는 급하게 먹는 경향이 있다. 한 번에 주는 양을 줄이고 횟수를 늘리도록 하자.

통째로 삼키는 새는 잘게 부수어 준다

통째로 삼키거나 대충 부숴서 삼키는 앵무새라면 펠렛을 잘게 부숴 주거나 통째로 삼킬 수 없는 큰 알갱이의 펠렛을 주어 갉아먹게 해보자.

참고로 구역질을 할 때 의심되는 질병에는 메가박테리아증, 트리코모나스 감염증, 크립토스포리디움증, 위염, 위종양 등이 있다(4장 참조). 펠렛을

먹는 동안에만 구토를 한다면 문제가 없지만 먹이와 상관없이 구토 행동
을 보일 때는 바로 병원을 방문하자.

펠렛식은 반드시
입안 찌꺼기 확인

●

입꼬리염 · 구내염이 생길 수도

앵무새의 입속이 침으로 축축한 경우는 거의 없지만 건조하지 않을 정도의 적당한 침이 분비된다. 침의 양은 개체마다 다른데, 분비량이 많을 경우 입꼬리에 먹이 찌꺼기가 달라붙어 입꼬리염(구각염)이나 구내염을 일으

간혹 펠렛이 맞지 않는 새도 있다. 통째로 삼켜 목이 메는 경우가 가장 흔하지만 간혹 구내염을 유발하기도 한다. 구내염은 특히 왕관앵무에게 자주 관찰되는데, 입안에 먹이 찌꺼기가 남아 있거나 침이 많은 개체에게 발생하기 쉽다. 입꼬리에 음식물 찌꺼기가 남아 있으면 부리에 변형이 올 수 있으니 주의하자.

tweet

왕관앵무의 입꼬리에
펠렛 부스러기가 붙어 있다.

킬 수 있다. 특히 펠렛식을 하면 씹어서 가루가 된 펠렛이 침과 섞여 입꼬리나 입안에 달라붙기 쉽다.

입꼬리염에 걸리면 입 주변에 잘 떨어지지 않는 딱지 형태의 물체가 늘 붙어 있게 되고, 구내염이 생기면 입안이 붉고 끈적끈적하게 달라붙는 상태가 된다. 입꼬리나 입안에 음식 찌꺼기가 남지 않도록 매일 깨끗하게 관리해야 염증을 예방할 수 있다.

입 주변을 관리할 때는 앵무새가 움직이지 않도록 잘 잡고, 가는 면봉에 중성 전해수를 적셔 닦아준다. 관리가 어려울 때는 병원을 찾아 상담받자.

완두 새싹은 추천 먹이

●

완두 새싹은 영양가 높고 발정 걱정이 없다

완두 새싹은 완두콩을 발아시킨 채소다. 완두콩을 발아시키면 카로틴은 31배, 비타민E는 16배, 비타민K는 13배, 엽산은 5배나 증가한다. 새싹 채소는 알곡이나 채소보다 영양과 효소가 풍부해서 새에게 좋다. 완두 새싹이 발정을 유발한다고들 하는데 이는 분명 잘못된 정보다. 대두에 들어

간혹 완두에 이소플라본이 들어 있다고 피하는 사람들이 있는데
사실이 아니다. 이소플라본을 함유한 것은 대두(흰콩)다.
완두콩에는 극소량의 고이트로겐(*goitrogen*, 갑상선 기능을 저하시키는
원인 물질-역주)이 들어 있지만, 완두 새싹을 먹은 앵무새에
갑상선종이 발생했다는 보고는 없다.
요오드를 섭취하고 있다면 완두 새싹을 주어도 된다.

있는 이소플라본과 착각한 것이다. 이소플라본은 식물성 에스트로겐이라 하여 여성호르몬과 같은 작용을 하는 것이 맞지만, 완두콩에는 들어 있지 않다.

또한 갑상선의 요오드 흡수를 저해하는 고이트로겐 걱정을 하기도 하는데, 완두 새싹에 들어 있는 고이트로겐은 극소량에 불과하다. 양배추, 청경재, 브로콜리 같은 식물에도 고이트로겐이 있지만 요오드를 주면 갑상선 질환에 걸릴 일은 없다. 펠렛엔 기본으로 요오드가 들어 있어 따로 줄 필요가 없지만, 알곡을 주식으로 한다면 주는 편이 좋다. 조류 영양제에는 대부분 요오드가 들어 있다.

알곡만 먹어도 괜찮을까?

•

단백질이 풍부한 카나리아씨드

오래전부터 카나리아씨드는 비만의 원인으로 여겨졌다. 그러나 실제로 칼로리가 높다기보다는 새들이 매우 좋아해서 많이 먹기 때문이라는 것이 더 정확하다.

카나리아씨드의 지방 함량은 6.7%다. 구황작물인 피(3.3%)보다는 높지

카나리아씨드는 비만의 원인이 된다고들 하는데 사실이 아니다.
지방 함유량이 6.7%로 다른 곡류에 비해 조금 높은 정도일 뿐이다.
여기서 주목해야 할 영양 성분은 단백질로 무려 21.3%에 달한다.
알곡에 10~20% 섞어주면 부족하기 쉬운 단백질 양을 늘릴 수 있다.
단, 그렇다 하더라도 주식으로는 펠렛을 추천한다.

tweet

카나리아씨드
벼과 갈풀속(*Phalaris*)

만 햄프씨드(28.3%), 들깨(43.4%), 해바라기씨(51%)보다는 낮다. 카나리아
씨드의 특징이라면 무려 21.3%에 달하는 단백질 함유량이다. 참고로 피의
단백질 함량은 9.4%다. 알곡만 먹으면 단백질이 부족할 수 있으므로 카나
리아씨드를 10~20% 섞어 주는 것이 좋다. 단, 카나리아씨드만으로는 필
수 아미노산을 충분히 섭취할 수 없다. 펠렛도 함께 먹이는 것이 영양 밸
런스 측면에서 좋다.

일반적인 알곡의 영양소를 표로 정리했다.
각각의 특성을 알아두면 유용하다.

(단위:%)

	수분	단백질	지방	탄수화물	무기질	칼로리
좁쌀	13.3	11.2	4.4	69.7	1.4	346
피	12.9	9.4	3.3	73.2	1.3	361
기장	13.8	11.3	3.3	70.9	0.7	353
카나리아씨드	–	21.3	6.7	68.7	2.6	399
귀리	10.0	13.7	5.7	69.1	1.5	344
메밀	13.5	12.0	3.1	69.6	1.8	339
퀴노아	12.2	13.4	3.2	69.0	2.2	523
들깨	5.6	17.7	43.4	29.4	3.9	350
햄프씨드	4.6	29.9	28.3	31.7	5.5	450
해바라기씨	4.7	20.8	51.0	20.0	3.0	584

※카나리아씨드의 영양소는 'Canary Seed Development Commission of Saskatchewan 2016' 참고.
※해바라기씨의 영양소는 미농무성(USDA) 홈페이지 참고.
※이 외에는 일본 식품 표준 성분표 2020년판(8개정) 참고.

푸른잎 채소를 주는 이유

앵무새에게 푸른잎 채소를 주는 것은 베타카로틴의 섭취와 영양 보충 때문이다. 항산화 작용을 하는 베타카로틴은 몸속에서 비타민A로 변환된다. 필요한 분량만큼 변환되기 때문에 과잉 상태가 될 일은 없다. 또한 신선한 채소를 먹는 것 자체가 즐거움 중의 하나다.

여러 종류의 펠렛을 시도해보자

펠렛을 주식으로 할 때는 하나의 제품보다는 여러 가지를 먹을 수 있게 해주자. 해외 제품을 먹일 경우, 재료가 변경되거나 생산 일자별로 맛과 입자의 크기, 단단함의 차이가 있을 수 있다. 또한 제조 및 수입 지연 등으로 구입이 어려울 수도 있으니 미리 대비하자.

과일 씨앗 중독에 주의

사과, 배, 복숭아, 자두, 체리, 살구, 매실 등의 씨에는 아미그달린*amygdalin*이 들어 있다. 이 성분은 체내에서 시안화물*cyanide*이라는 독성 물질이 되어 호흡 곤란, 구토, 서맥, 의식 상실 등의 중독 증상을 일으킬 수 있다. 흔히 위의 과일을 먹이지 말라고 하는데 씨만 조심하고 과육은 먹여도 괜찮다.

아보카도는 새에게 해롭다

아보카도에 함유된 퍼신*persin*은 살균작용을 하는 독소로, 사람에게는 해가 없지만 새에게는 위험하다. 치사량은 새의 종류와 개체에 따라 다르지만, 사랑앵무의 경우에는 1g만 섭취해도 바로 증상을 일으키고 24~47시간 내에 사망할 수 있다는 보고가 있다. 증상은 주로 구토와 호흡 곤란이다. 절대 먹지 않도록 주의하자.

보레(굴껍데기) 가루는 흡수율이 나쁘다

보레 가루에는 칼슘이 47.5%나 들어 있다. 보레 가루의 칼슘은 산화칼슘인데 섭취 후에는 물과 반응해 강한 알카리성인 수산화칼슘이 된다. 보레 가루는 위에서 잘 녹지 않으므로 소화를 돕는 그릿츠(grits, 용해되지도 않고 영양이 되지도 않는 물질-역주)로 기능한다. 때문에 칼슘 보충 식품으로는 좋지 않다.

오징어뼈 추천

흔히 말하는 오징어뼈는 갑오징어의 뼈인데 주성분(85%)은 탄산칼슘이다. 그 밖에도 마그네슘, 인, 아연, 철, 코발트, 구리, 망간, 나트륨, 칼륨 등의 무기질과 키틴, 키토산 등이 들어 있다. 오징어뼈의 내부는 물러서 위에 부담이 적으므로 보레 가루보다는 오징어뼈를 추천한다.

일어나자마자 먹으면
새도 살찐다

●

야생의 동물에게 비만이 없는 이유

야생의 앵무새는 밤에는 둥지에서 휴식을 취하고 날이 밝으면 먹이가 있는 곳으로 날아가 먹이 활동을 한다. 기본적으로 몸을 움직인 후에 먹는다. 쉬는 동안에는 부교감신경이 우위에 있지만 몸을 움직이면 교감신경이 우위가 된다.

앵무새뿐 아니라 야생의 동물 대부분은 교감신경이 우위인 상태에서 먹이활동을 한다. 야생에서는 먹잇감을 찾아 이동하는 등 노력을 하지 않으면 먹이를 구할 수 없기 때문이다. 이런 배경이 과잉 식욕을 억제해 야생동물이 비만이 되는 경우는 거의 없다.

반면 새장에서 생활하는 새는 아침에 일어나 바로 먹이를 먹는다. 충분히 휴식을 취해서 부교감신경이 우위인 상태이므로 식욕을 강하게 느낀다. 이런 식욕 항진 상태에서 먹이를 제한하면 몸과 마음 모두 스트레스를 받는다.

33

따라서 먹이를 먹기 전에 강도 높은 운동(37~38쪽 참조)을 하게 되면 비만과 발정을 모두 억제할 수 있다.

야생에 사는 앵무새는 과식을 하지 않는데, 그 이유는 먹이를 먹기 위해서 많이 날아야 하기 때문이다. 운동을 하면 교감신경이 활성화되어 식욕을 자극하지 않는다. 하지만 집에서 키우는 앵무새는 먹기 전에 운동할 필요가 없으므로 과식하는 경향이 있다. 살쪘다 싶을 때는 먹이 제한뿐 아니라 충분히 날 수 있도록 해주자.

tweet

적극적으로 운동을!

•

먹이 제한이 유발하는 '에너지 절약 모드' 탈출

먹이를 제한하면 몸은 대사를 떨어뜨린다. 가능한 한 움직이지 않음으로써 칼로리 소비를 줄이는 '에너지 절약 모드'에 들어가는 것이다. 이 상태에서는 먹이를 아무리 줄여도 살이 빠지지 않는다. 에너지 절약 모드는 부신피질 호르몬에 의해 발동되는데, 굶주림으로부터 살아남으려는 자연스러운 신체 반응이다.

여기서 벗어나는 데는 운동이 가장 효과적이다. 그러나 장시간 운동을 하지 않는 한 칼로리 소비는 제한적이다. 운동의 목적은 칼로리 소비뿐 아니라 기초 대사 및 심리적 측면의 활성화에 있다. 운동으로 교감신경이 자극받으면 노르아드레날린이 분비되어 기초 대사율이 높아진다. 또한 혈류가 활발해져 뇌 속 카테콜아민catecholamine의 분비가 촉진된다. 즉 심리적 측면의 활성화와 스트레스 해소에도 도움이 된다.

혼자 놀기를 좋아하는 개체는 혼자서도 잘 날지만, 앵무새가 집 안에서 아무리 먹이를 제한해도 살이 빠지지 않을 때가 있다.
몸이 에너지 절약 모드로 바뀌어 무기력하고 움직이기 싫어하는
상태가 된 것이다. 이를 피하려면 먹이 제한과 운동을 병행해야 한다.
먹이를 미끼로 날 수 있게 유도해보자. 처음에는 아침저녁으로 1회씩,
1회에 5분 정도 숨이 찰 정도의 운동으로도 효과를 볼 수 있다.

운동에 익숙해지면 시간과 횟수를 늘린다.
이때 몸의 상태를 확인하며 진행하도록 하자. 물론 건강 상태가
안 좋을 때나 나이가 많은 앵무새라면 무리하지 않는 편이 좋다.
운동 자체의 칼로리 소모는 그다지 많지 않다. 운동의 목적은 대사율을
높이는 것이다. 대사가 향상되면 먹는 양을 늘릴 수 있다.

새의 건강한 스트레스 해소 방법은 나는 것이다.
혼자 놀기를 좋아하는 새는 스스로도 잘 날지만, 사람을 짝으로
인식하는 새는 사람의 행동을 따라 하려고 한다.
사육자가 움직이지 않으면, 새장 밖에서도 새는 움직이지 않는다.
새를 날게 하려면 사육자가 먼저 활발히 움직여야 한다.

tweet

자발적으로 충분히 운동하는 경우는 거의 없다. 충분한 운동량을 확보하기 위해서는 사육자가 새의 운동을 유도해야 한다. 이를 '운동의 동기 부여'라고 한다.

① 운동의 동기 부여: 먹이를 보여준다

배고픈 상태에서 먹이를 보여주면 대부분의 앵무새가 날아온다. 이 상황을 이용하면 된다. 사육자가 간식을 든 손을 새에게 보여주며 불러보자. 조금 떨어진 곳에서 하는 것이 좋다. 새가 날아오면 한 알을 주고, 거리를 두고 다시 한 번 간식을 보여주며 새를 부른다. 이를 반복해서 새가 계속 날 수 있게 하자.

좋아하는 알곡이나 간식을 새에게 보여준다.
조금 떨어진 곳에서 보여주어 운동을 유도하고, 서서히 거리를 늘려 나간다.

② 운동의 동기 부여: 사람을 찾게 한다

만약 간식을 보여주어도 날아오지 않을 때는 사육자가 모습을 숨기자. 사람이 사라지면 쫓아오는 새도 있기 때문이다. 만약 앵무새가 사육자를 짝으로 인식하고 있다면 짝과 같은 행동을 하고 싶어 하므로 사육자가 자리를 옮겨가며 쫓아오게 하면 된다.

③ 운동의 동기 부여: 사육자의 몸에서 운동하게 한다

그래도 날아오지 않을 때는 손이나 손가락에 새를 앉히고 날아오르지 않을 정도로만 아래쪽으로 내려 날개를 퍼덕이게 한다. 바로 날갯짓 운동이다. 날개나 어깨 관절에 장애가 있을 때는 간식으로 유인해 달리게 하거나 사람의 옷을 기어오르게 하는 방법도 있다.

손가락에 새를 올린 상태에서
할 수 있는 만큼 아래쪽으로 내린다.
날갯짓을 하는 것도 훌륭한 운동이 된다.

손에 알곡이나 간식을 쥐고
새에게 보여주면서
사육자의 옷을 기어오르게 한다.
잘 날지 않거나 걷기를 싫어하는
개체에게 추천한다.

운동은 아침저녁 하루 2회, 한 번에 5분 정도로 시작해서 새가 숨찰 정도의 강도로 하면 효과가 좋다. 운동에 익숙해지면 횟수와 시간을 늘리자. 아프거나 깃털갈이를 해서 몸 상태가 좋지 않을 때, 또는 뱃속에 알이 있을 때는 운동을 삼간다. 나이가 많은 앵무새라면 운동 강도를 약하게 조절하자.

온도
01

온도 관리와
건강한 몸의 관계

●

온도 변화에 대응하는 자율신경

야생의 앵무새는 환경 변화에 대응할 수 있는 강인한 몸을 갖고 있다. 약하게 태어난 개체는 살아남을 수 없다.

새와 같은 항온동물은 체온을 일정하게 유지하는 체온 조절 기능을 갖고 있다. 체온이 떨어지면 자연스럽게 열을 생산하고 깃털을 부풀려 열을 보존함으로써 정상 체온을 유지한다. 반대로 체온이 오르면 열 생산을 최소화하고 호흡에 의한 증산 작용으로 열을 방출한다.

이렇게 몸의 상태를 일정하게 유지하는 것을 '항상성'이라 한다. 그리고 자율신경이 이 항상성을 뒷받침한다. 자율신경은 교감신경과 부교감신경으로 나뉘는데, 전자는 혈관의 수축, 지방 조직에서의 대사 촉진, 심박수 상승을 통한 체온 상승을 담당한다. 후자는 교감신경의 기능을 억제해 혈관을 확장하고 열 생산을 억제해 체온을 떨어뜨린다.

만약 사육자가 온도를 과하게 조절하면 새의 자율신경이 기능할 기회가 줄어들고 점차 갑작스러운 온도 변화에 대응할 수 없게 된다. 새가 춥지 않도록 항상 따뜻한 온도를 유지해야 한다고 생각하기 쉽다. 이것은 눈앞의 컨디션 불량은 예방할 수 있지만 결과적으로 약한 앵무새가 된다. 건강한 몸을 만들기 위해서는 온도 차가 있는 환경에서 평소 강도 높은 운동을

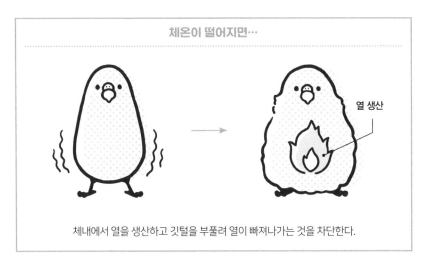

체온이 떨어지면…

체내에서 열을 생산하고 깃털을 부풀려 열이 빠져나가는 것을 차단한다.

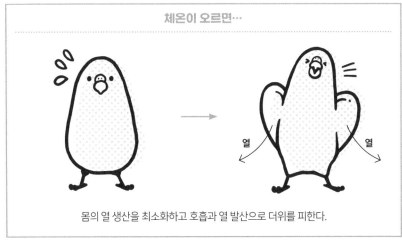

체온이 오르면…

몸의 열 생산을 최소화하고 호흡과 열 발산으로 더위를 피한다.

통해 자율신경 기능을 강화해야 한다. 물론 건강한 개체일 때 가능한 얘기다. 질병이 있거나 깃털갈이 중이거나 고령의 새라면 사육자가 환경 온도를 조절해야 한다.

온도 변화로 인한 컨디션 불량을 예방하려면 두 가지 방법이 있다. ①환경 바꾸기, ②몸 바꾸기다. 첫 번째 방법은 사육자가 온도를 일정하게 조절해 주는 것으로, 앵무새 스스로 자율신경 전환을 빠르게 할 수 없다는 단점이 있다. 두 번째 방법은 온도 차가 있는 환경에 적응해 앵무새의 몸이 자율신경 전환을 원활하게 하도록 하는 것이다.

몸을 일정한 상태로 유지하려는 작용이 '항상성'인데 이는 생명체에게 매우 중요하다. 그런데 이 항상성을 지지하는 것이 자율신경이다. 예컨대 체온이 떨어지면 자율신경은 열을 생산해 몸의 온도를 높인다. 만약 자율신경이 제대로 작동하지 않는다면 체온을 빨리 올릴 수 없다. 새의 상태와 나이에 따라 ①과 ②의 균형을 고려하자.

tweet

여러 마리를 키울 때는
같은 종으로

•

새의 종 차이는 소통의 차이

앵무새의 귀여움, 아름다움, 풍부한 감정에 매료되면 다른 종류의 새도 키우고 싶어진다. 그러나 새의 종이 다르면 소통 방법이 다르기에 좋은 관계를 쌓지 못하는 경우가 많다. 종이 다르면 사회적 교류가 이루어지지 않아 서로에게 스트레스가 된다.

예컨대 모란앵무 한 쌍은 서로 꼭 붙어 있는 것을 좋아하는데, 왕관앵무는 짝이라도 항상 붙어 있지 않고 약간의 거리를 유지한다. 서로의 털을 고르는 데 소요하는 시간도 종에 따라 다르다. 깃털 고르기 정도가 심하거나 부족하면 불만이 쌓이게 된다.

사람이 키운 새는 소통 능력이 부족

유조 시기부터 사람의 손에 키워지면 같은 종이라도 새들 간에 소통이 안 될 수 있다. 예를 들어 이미 앵무새를 키우고 있는 상태에서 새롭게 인공 육추(育雛, 알에서 나온 새끼를 키우는 것 – 역주)를 해서 같은 종의 새를 맞았다고 해보자. 인공 육추를 한 새는 함께 사는 사람 혹은 기존에 있는 새를 짝의 후보로 생각한다. 사람을 짝으로 선택한 경우, 그 사람이 다른 새와 친하게 지내면 질투한다. 새를 선택했더라도 둘이 잘 맞을 것이란 보장이 없다. 인공 육추를 하면 동종의 새들이 주고받는 소통 방법을 배울 기회가 없어 종이 같아도 상대로 받아들이지 못할 수 있다.

하나 이상의 개체를 키울 때는 같은 종을 추천한다.
종이 다른 개체끼리는 사회적 교류가 원활하지 않아 욕구 불만이
생기기 쉽다. 또한 같은 종이라도 한 마리씩 따로 키우면
소통 능력이 떨어진다는 보고가 있다. 여러 마리를
키우려면 같은 종을 선택해서 함께 먹이를 주거나
어미 새와 사육자가 공동으로 육추를 한다.

안심할 수 있는 공동체를 만들자

여러 마리의 새를 키운다는 것은 하나의 공간 안에 새들의 공동체가 형성된다는 의미다. 사람도 다른 이들과의 소통이 원활치 않고 자신이 받아들여지지 않는 공동체에서 생활하게 되면 스트레스를 받는다. 반려조가 가능한 한 안락함을 느낄 수 있는 공동체를 마련해 주는 것이 사육자의 임무다. 이런 환경을 만들기 위해서 가장 먼저 해야 할 일은 종이 같은 새들이 함께 살도록 하는 것이다.

유조 시기부터 함께 생활하도록

유조 때부터 같은 종의 새들과 함께 생활하며 소통 방법을 배울 필요가 있다. 비교적 간단하게 할 수 있는 방법은 두 마리 이상의 유조를 한 공간에서 지내게 하는 것이다. 앵무새를 포함해 모든 새들은 둥지 속에서 어미 새, 형제들과 함께 생활하며 소통 방법을 배운다. 어미 새는 없지만, 최소한 같은 종의 유조와 함께 키우면 새들 사이의 거리감이나 접촉, 소통법 등을 배울 수 있다.

내가 가장 권장하는 방법은 사육자와 어미 새의 '공동 육추'다. 어미 새가 유조를 키우게 하면서, 하루에 몇 차례 둥지에서 유조를 꺼내어 접촉해서 새가 사람에게 익숙해지게 하는 방법이다. 일단 어미 새가 사람을 잘 따라야 하고 동시에 사육자가 '자가 번식'을 하려는 의지도 필요하다. 공동 육추는 어린 새가 어미 새의 애정을 느끼면서 동종 간의 소통법을 배우고, 사람과도 친해질 수 있는 이상적인 방법이다.

유조의 성장기

•

유조 시기에 모든 성장이 끝난다

포유류의 성장기는 매우 길다. 이를테면 소형견은 8~10개월, 대형견은 15~18개월에 이른다. 하지만 새는 이소離巢 시기에 이미 성장이 끝난다. 이소 후에는 몸이 크지 않는다는 의미다. 그러므로 이소할 때까지 몸이 필요로 하는 영양을 충분히 섭취해야 한다. 유조 시기의 영양 상태가 일생을 좌우한다.

유조를 키울 때 흔히 하는 잘못이 있다. 반려동물 샵에서 조언하는 '먹이는 하루 세 번 주면 충분하다'라는 말을 그대로 실천하는 것이다. 이것은 큰 착각이다. 어미 새는 하루 종일 쉬지 않고 먹이를 물어다 나른다. 새끼가 원하면 바로 먹이를 주므로 모이주머니가 항상 부풀어 있다. 사람이 키울 때도 늘 모이주머니에 먹이가 들어 있어야 한다.

모이주머니엔 항상 먹이가 있어야 한다

먹이를 주는 횟수는 아기 새가 한 번에 먹는 양과 모이주머니가 부푼 정도를 보고 결정한다. 앵무새는 모이주머니가 가득 차면 가슴 부위(실제로는 가슴의 윗부분)가 볼록하게 부푼다. 핀치류는 목의 오른쪽이 볼록하게 나온다. 한 번에 먹는 양이 적거나 소화관을 통과하는 속도가 빠른 개체는 모이주머니가 비워지기 전에 먹이를 주어야 한다. 모이주머니에 먹이가 많을수록 통과 속도가 빨라진다.

아기 새가 공복이 되었을 때, 즉 모이주머니가 완전히 줄어든 후에 먹이를 주어야 한다는 정보는 완전히 잘못된 것이다. 모이주머니가 비워지기를 기다린다면 하루에 먹는 양이 너무 적어진다.

단, *식체食滯를 일으키거나 모이주머니 안에 먹이가 굳어 있다면 먹이

대부분의 앵무류와 핀치류는 이소 시기에 성장이 거의 끝난다.
포유류처럼 성장 기간이 길지 않아서 이소 후에는 성장하지 않는다.
유조 시기의 영양 상태가 평생의 체격과 체질을 결정한다는 의미다.
이소가 가까워지면 낮 동안 공복을 느끼지 않도록
먹는 것에 신경을 많이 쓰자.

를 주는 방법이 적절하지 않거나 위장 장애가 있을 가능성이 있다. 서둘러 병원을 찾아 진찰을 받도록 하자.

이소가 가까워진 새는 먹이를 먹으려고 하지 않고 몸무게도 조금 준다. 이때 먹이 주는 횟수를 줄이고 혼자서 먹을 수 있게 준비하면 된다.

*식체 모이주머니에 먹이가 쌓이면서 부패해 병균이 발생한 상태.

유조
02

어미 새의 피딩에
숨겨진 비밀

●

어미의 피딩으로 유익균이 전달된다

새의 모이주머니는 음식물의 임시 저장 기관이다. 장과 마찬가지로 모이주머니 안에는 ＊세균총이 형성되어 있다. 세균의 역할은 음식물을 분해하고 주머니 안의 산성도(pH)를 떨어뜨려 유해균의 번식을 막는 것이다. 어미가 먹이를 토해내 새끼에게 줄 때 모이주머니의 정상 세균총을 전달받는다.

인공 부화를 하거나 어미로부터 새끼를 너무 빨리 분리하면 세균총이 정착하지 못해 세균에 감염될 수 있다. 인간은 출산 시 질내 세균과 장내 세균에 노출되어 정상 세균총을 획득하고, 조류는 어미가 먹이를 줄 때와 어미의 변에 노출되었을 때 획득한다.

조류 중에는 모이주머니에 점액선이 있는 종도 있다. 점액은 모이주머

＊세균총 특정 환경에서 일정한 균형을 유지하면서 다양한 세균들이 공존하는 세균의 집합체.

어미 새는 자신의 모이주머니에 있는 먹이를 토해내
새끼에게 준다. 이때 유조는 모이주머니의 점액과 세균이 섞인
먹이를 먹게 된다. 이 점액은 유조의 모이주머니 안에서 먹이가
굳는 것을 막아주므로 특히 갓 태어난 새끼에게는 매우 중요하다.
간혹 피딩을 해도 식체를 일으키는 경우가 있지만,
대부분 피딩은 유해균의 번식을 억제하는 역할을 한다.

니 안에서 음식물이 굳는 것을 막고 소화관의 음식물 이동을 원활하게 해준다. 어떤 종이 점액선을 가졌는지는 충분히 연구되지 않았다. 목도리앵무에서는 발견되지 않아 앵무목 새들은 점액선이 없을 가능성이 크다. 반면 집참새에서는 발견되어 같은 참새목인 문조 등은 점액선을 가지고 있을 가능성이 있다.

유조에게는 포뮬러 푸드를

•

시판 난조는 영양이 부족하다

포뮬러가 없던 시대, 일본에서는 가정에서 난조(좁쌀계란)를 만들었다. 난조란 좁쌀에 달걀을 입혀 건조시킨 것을 말한다. 좁쌀만으로는 유조의 성장기에 필요한 단백질이 부족했기 때문이다. 그 후 시판용 난조가 나왔고 요즘은 집에서 만드는 사람이 거의 없다.

문제는 시판용 난조에 달걀이 거의 입혀져 있지 않다는 것이다. 그냥 좁쌀과 별 차이가 없다. 시판용 난조를 주로 이용했던 시기에는 앵무새의 각

케이티*KAYTEE* 사의 포뮬러 펠렛.

기병(다발성 신경염)이 빈번히 발생했다. 지금도 당시의 지식을 고수하는 사람들은 반려동물 샵에서 파는 시판용 난조를 이용하고 있다.

하지만 요즘은 대부분 종합영양식인 포뮬라 푸드를 이용한다. 포뮬라로 키운 유조는 시판 난조로 키운 유조에 비해 확실히 체격이 크다. 유조의 성장 기간은 짧고 이 시기 영양이 전 생애에 걸쳐 영향을 준다는 사실을 명심하자.

유조의 피딩에는 포뮬라 *fomula* 푸드를 추천한다.
소형 앵무새에게 좁쌀을 먹이는 사람들이 많다.
하지만 좁쌀만으로는 필수 아미노산이나 필수 지방산, 비타민,
미네랄을 보충할 수 없다. 포뮬라로 키운 앵무새는 확실히 체격이
큰 편이다. 유조 시기의 영양은 전 생애에 걸쳐
영향을 미친다는 사실을 꼭 기억하자.

tweet

피딩 후에는 펠렛으로

•

오랫동안 새의 먹이는 곡류였다

반려조의 역사는 꽤 오래되었다. 일본에서는 17세기 초에 문조와 카나리아를 키웠고 19세기에 들어 사랑앵무를 키우기 시작했는데, 이때부터 곡류를 먹이로 사용했다. 오랫동안 곡물을 먹여 왔기에 '새는 알곡으로 키운다'라는 고정관념이 지금도 뿌리 깊게 자리하고 있다. 하지만 새의 영양에 대해 연구가 잇따르면서 알곡만으로는 새에게 필요한 영양을 공급할 수 없다는 사실이 밝혀졌다. 그래서 개발된 것이 조류용 종합영양식이다. 유조용 포뮬라 푸드와 성조용 펠렛이 그것이다.

최근 유조에게 포뮬라 푸드를 주는 것은 일반화되었지만, 성조에게 알곡을 주식으로 주는 사람은 아직도 흔하게 볼 수 있다. 물론 알곡이 나쁜 먹이는 아니지만 영양의 균형을 위해서는 건강보조식품을 병행해야 한다. 이런 내용을 잘 알고 있는 사람이라도 순간 방심할 수 있다. 실제로 건강보조식품을 주지 않는다고 바로 문제가 생기는 것은 아니므로 영양 부족을 가볍게 여기는 사람이 많다.

유조 시기엔 포뮬라 피딩을 하고 자립할 즈음에 알곡으로
바꾸는 경우가 꽤 많다. 하지만 성조에게 추천하는 먹이는 펠렛이다.
자립 시기부터 펠렛만 주는 것을 '펠렛식'이라고 한다.
새의 질병은 기본적으로 영양 부족과 관련이 있는데
펠렛식을 하는 새는 내과 질병이 적은 편이다.

유조 혼자서 펠렛을 먹게 하려면 마음을 느긋하게 먹어야 한다.
알곡보다 많은 시간이 소요되기 때문이다. 이때 알곡을 주면
펠렛을 먹으려 하지 않으므로 초조해 말고 다 먹기를 기다려주자.
피딩할 때 빻은 펠렛을 조금 섞어 맛을 기억하게 해주면
펠렛을 쉽게 받아들일 수 있다.

혼자서 먹을 수 있으면 펠렛을 준다

주식으로는 펠렛을 추천한다. 유조가 혼자서 먹을 수 있게 되면 펠렛만
주도록 하자. 알곡 맛을 알게 되면 펠렛으로 바꾸기 힘들지만, 펠렛을 주

식으로 하면 알곡은 언제든지 먹일 수 있다.

앵무류와 핀치류는 야생 환경에서 알곡을 먹기 때문에 본능적으로 알곡을 쉽게 받아들인다. 그래서 자립 시기에 주식을 펠렛으로 바꾸는 일이 어려운 것이다. 빨리 자립시키려는 생각에 알곡을 주면 펠렛을 아예 먹지 않을 수 있다.

자립은 빠른 게 좋다는 주장은 '습식 먹이(시판 난조)를 주면 소낭염에 걸린다'라는 소문 때문에 만들어졌다. 사실 유조의 먹이가 시판 좁쌀 단자밖에 없던 시대에는 영양 부족이 면역 저하를 일으켜, 모이주머니 안에 세균과 칸디다균이 번식하는 소낭염이 생기기도 했다. 적절한 양의 포뮬라 푸드를 피딩에 사용한 개체가 이런 질병에 걸리는 사례는 매우 드물다.

혼자 먹을 수 있게 되면 펠렛을 빻아 포뮬라 푸드에 섞어 먹이자. 맛을 기억해 펠렛을 쉽게 받아들일 수 있다. 분쇄기나 손절구로(23쪽 참조) 곱게 빻아서 어느 정도 수분이 있는 상태로 부드럽게 만들어 주면 된다.

필자가 무조건 펠렛을 신봉하는 것은 아니다. 영양 성분이 균형 있게 맞춰져 있기 때문에 추천하는 것이다. 물론 알곡도 먹이를 먹는 즐거움이나 영양 풍부화란 면에서 장점이 있다. 다시 말하지만, 알곡만 먹일 때는 꼭 건강보조식품을 병행하자.

'피딩'에서 '혼자 먹기'로 전환

•

혼자 먹게 해서 자립을 돕는다

어미 새는 이소가 다가오면 새끼와의 접촉 시간을 줄이고 먹이를 주는 횟수와 양도 줄인다. 이소와 자립을 재촉하는 행동이다. 이소 후, *둥지 밖 육추기에는 새끼들이 먹이를 먹고 싶어 해도 어미 새는 먹이를 바로 주지 않는다. 함께 먹이를 구하러 둥지 밖으로 나가 스스로 먹이 찾기를 배우게 한다.

집에서 아기 새 한 마리를 키우면 형제자매가 먹는 모습을 보며 배울 기회가 없어 자립이 늦어지고 계속해서 피딩을 원할 수 있다. 새가 스스로 먹이를 쪼아 먹기 시작한다면 바로 그때가 피딩을 멈출 타이밍이다. 새가 원한다고 피딩을 계속해서는 안 된다.

---

*둥지 밖 육추기 '가족기'라고도 한다. 이소 후의 유조가 어미에게 먹이를 의존하면서 둥지 밖에서 생활하는 사회화 기간이다.

유조가 원한다고 계속해서 피딩을 해서는 안 된다.
앵무새가 먹이를 달라고 하는 행동이 사라지기를 무작정
기다려서도 안 된다. 혼자서 먹이를 먹는 모습이 관찰되면
몸무게를 체크하면서 피딩을 줄여 나간다. 피딩을 줄여도
몸무게가 줄지 않는다면 혼자 먹기에 성공한 것이다.

사람을 잘 따르는 것과 자립하는 것은 별개로 생각해야 한다.
피딩뿐 아니라 접촉하는 시간이 길면 사람과 친해지지만
이것도 개체마다 차이가 있다. 피딩을 오래 끌지 않는 것이
좋은 이유는 자립 시기를 놓치면 자립이 너무 오래
미뤄질 수 있기 때문이다. 계속해서 자신의 먹이활동은
피딩이라고 학습할 가능성이 있다.

\\ *tweet* //

소형 앵무새의 자립 시기는 보통 이소 후 1주일 정도다. 이 시기 이후에
도 모이주머니가 항상 가득 차도록 피딩을 한다면 자신의 먹이활동을 피
딩으로 인식해 혼자 먹으려 하지 않는다. 자립 시기가 다가오면 유조 옆에
펠렛을 놓아두자. 펠렛을 쪼아 먹기 시작하면 피딩 횟수와 양을 줄이고 혼
자 먹는 연습을 시킨다. 잘 갉아먹지 못하면 잘게 부수어주자.

펠렛을 불려서 포뮬라와 섞으면 쉽게 맛을 배울 수 있다. 피딩의 횟수와 양은 새의 몸무게를 보고 결정하는데, 정상 몸무게를 유지할 수 있는 양만큼만 주는 것이 좋다. 스스로 먹는 양이 늘고 피딩을 줄여도 몸무게가 줄지 않으면 최종적으로 피딩을 끝내자.

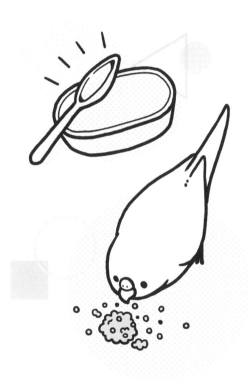

유조

유조에게 튜브는 NO!

———

회색앵무나 유황앵무 등 대형 새에게 피딩을 할 때 튜브를 사용하는 것은 위험하다. 주사기에서 튜브가 벗겨져 삼킴 사고가 일어날 수 있기 때문이다. 튜브가 모이주머니 안에 있으면 꺼내는 것이 가능하지만 위장으로 들어가 버리면 수술밖에 방법이 없다. 피딩엔 주사기만 이용하는 것을 추천한다.

육아에 능숙한 어미 새의 둥지는 조용하다

———

야생에서 새끼들이 울면 적에게 둥지의 위치가 발견될 위험이 있다. 때문에 어미 새는 새끼들이 울음을 그치도록 돌보며 먹이를 준다. 사람의 아기도 배가 고프거나 불안하면 울음으로 신호를 보낸다. 그러면 엄마가 우유를 주거나 안아 주는 것과 마찬가지다. 육아에 능숙한 어미 새의 둥지에서는 아기 새의 울음이 들리지 않는다.

유조는 옆에 있어 주길 원한다

———

피딩 시기에 새가 사람을 볼 때마다 우는 이유는 꼭 배가 고파서만이 아니라 옆에 있어 달라는 신호이기도 하다. 길게 울수록 공복과 불안감에 스트레스를 받고 있다고 봐야 한다. 성장기의 스트레스는 유조의 정상적인 심리 형성을 저해한다. 먹이를 충분히 먹지 못하고 스트레스를 받아서 성장이 늦어진 새끼는 먹이활동의 독립 시기도 늦어지는 경향이 있다.

번식

번식은 전문가에게 맡긴다

———

어미 새가 건강하다면, 집에서 이루어지는 번식은 유통 과정의 감염 위험도 없고 어미 새 곁에서 키울 수 있다는 장점도 있다. 하지만 근친 교배나 만성 발정, 영양 부족 상태에서 번식을 하면 장애를 가진 새가 태어날 수도 있다. 우수한 브리더는 짝짓기나 번식 횟수, 영양 등을 충분히 고려해 번식에 임한다.

자가 번식의 위험에 대하여

———

알을 낳았다고 무조건 품게 하면 장애를 가진 새끼가 부화할 가능성이 있다. 특히 사랑앵무와 문조는 자가 번식에 따른 장애가 많은 편이다. 안이하게 자가 번식을 하기보다는 전문가에게 맡기는 편이 안전하다.

사육 환경에서의 번식은 신중하게

———

새들은 근친 개체와 짝을 이루는 것을 피하지 않는다. 야생에서는 이동과 분산으로 근친 개체와 짝이 될 확률이 적지만, 사람이 키우는 환경에서는 그 확률이 매우 높다. 근친 교배는 공통의 열성 유전자를 가지게 될 가능성이 커서 선천적 이상이 발생할 수 있다. 산란을 해도 포란은 하지 않기를 바란다.

발정 대상물을 파악하자

●

발정을 유발하는 물건을 먼저 찾는다

발정 대상물이란 새의 입장에서 성적으로 흥분을 일으키는 물건이다. 앵무새 장난감이나 횃대가 발정 대상이 되기도 한다. 발정을 하면 수컷은 구애와 짝짓기를 시도하고 암컷은 짝짓기 수용 자세를 취하거나 장난감에 엉덩이를 문지른다. 발정 경향이 보인다면 특정 물건이 계기가 되지 않았는지 면밀히 관찰하자.

발정 대상물을 찾았다면 가능한 한 발정 억제를 위해 대상물을 치우거나 새가 볼 수 없고 접촉할 수 없는 위치로 옮기자.

발정 대상물에는 두 종류가 있다

앵무새가 발정 대상물에 애착을 느끼는지 그렇지 않은지 살펴보자. 애

둥지는 예외로 하고, 발정 대상을 단순히 치워버린다고
문제가 해결되지 않는다. 반려조는 사람이 만들어 준 환경에서
생활한다. 그 가운데 마음에 드는 물건이 생길 때마다 없애버려서
새장 안의 즐거움이 사라지는 생활은 지루할 수밖에 없다.
만약 거울이 발정 대상이라면 치워버릴 것이 아니라,

거울 앞에서 노는 시간을 줄이고 먹이활동이나 다른 놀이를
늘리는 등의 대안을 마련하자. 발정 대책은 식사량 조절과 운동을
중심으로 구성해보자. 이 문제에 대해서는 의사마다 의견이 다른데,
새의 입장에서 생각하면 먹이를 제한하는 데다 즐거움마저 빼앗기면
삶의 질이 떨어지지 않을까?

tweet

착에 관해서는 73쪽을 참고하면 된다.

① 애착이 없는 발정 대상물

발정 행동 이외에는 흥미를 가지지 않는 물건을 말한다. 예컨대 횟대,
그네, 먹이 상자, 공, 티슈 등이다. 애착이 없다면 보이지 않는 곳으로 치

우거나 배치를 바꿔서 발정을 억제하자. 대상물을 치우면 새의 즐거움도 사라지므로, 발정 대상이 되지 않을 다른 놀잇감을 준비하자.

② 애착을 느끼는 발정 대상물

발정 대상물이면서 정신적 안정을 얻는 물건을 말한다. 발정 행동 이외에도 항상 가까이한다는 특징이 있다. 눈이 달려 있는 장난감이나 인형, 거울에 비친 자신에게 애착을 가지는 새가 많다. 새는 애착 대상을 향해 깃털 고르기 행동을 하거나 먹이를 토해주며 구애 행동을 한다. 애착을 갖는 장난감을 자신의 친구나 가족으로 인식한다고 볼 수 있다.

②의 경우, 대상을 치워버리면 심리적으로 불안해할 수 있다. 발정 행동이 심한 경우에는 시간을 조절하면서 발정 억제를 시도한다. 그러나 기본적으로는 새의 애착을 존중하고 환경을 바꾸지 않는 것이 좋다. 먹이 제한이나 먹이활동, 운동 등으로 발정 억제를 시도해 보자.

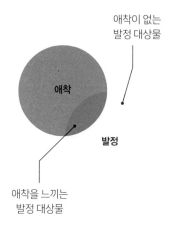

애착이 없는
발정 대상물

애착

발정

애착을 느끼는
발정 대상물

가능한 한 장난감은 선별하자

　새는 애착을 가진 대상물과 분리되면 괴로워하고 발정 억제도 어렵다. 그러므로 새를 위한 장난감 등은 사전에 주의 깊게 선별해야 한다. 앵무새를 위한 인형이나 피규어, 새와 비슷하거나 작은 크기의 물건은 발정 대상이 되기 쉽다. 장난감을 정기적으로 바꿔주고 마음에 드는 물건의 수를 늘리면 특정 물건에 발정했을 때도 대응이 쉽다.

펫로스

먼저 떠난 새에게 편지를 쓰자

‘하늘의 별이 된 새만 떠올라 일이 손에 잡히지 않는다, 어떻게 해야 상심에서 벗어날 수 있겠느냐’는 질문을 받았다. 같은 생각이 계속해서 떠오르는 것을 '반추 사고'라 한다. 그럴 때는 천국의 새에게 편지를 써보자. 지금의 기분이 어떤지, 해주고 싶은 말은 무엇인지 마음을 표현하자.

그렇게 하면 왜 계속해서 생각이 나는지 깨달을 수 있다. 그리고 새와 함께했던 시간들의 의미, 무엇을 배웠는지도 알게 된다. 분명 새는 천국에서 이렇게 말해 줄 것이다.
‘누구보다 나를 사랑해주었고 지금도 변함없이 사랑해줘서 고마워요.’

┌─ **펫로스 증후군에 대하여** ─┐

반려조를 잃은 후 느끼는 깊은 슬픔과 죄책감, 상실감은 모든 사육자가 느끼는 감정이다. 이러한 감정에 휩싸이는 시간이 오래 지속되고 정신적, 신체적 이상을 일으키는 현상을 '펫로스 증후군'이라고 한다.
펫로스 증후군에 시달리는 사람들은 대개 매우 성실하다. '자신이 빨리 알아차렸다면 뭔가 할 수 있는 일이 있지 않았을까' 하고 자신을 책망하는 경향이 있다. 그 상황에서 사육자가 선택한 방법은 부득이한 것이었다고 생각한다. 한결같이 자신을 사랑해 준 사육자가 옆을 지키고 있었다는 사실에는 변함이 없다. 천국의 반려조도 자신 때문에 계속 슬퍼하는 사육자를 걱정하고 있을 것이다. 언젠가 천국에서 재회했을 때, 서로에게 감사할 수 있는 삶이 된다면 멋지지 않을까?

사람과 새는 인연으로 이어져 있다

—

자연에서도 사육 환경에서도 장애를 가지고 태어나는 새들이 있다. 그런 새는 사람의 도움이 없으면 살아갈 수 없다. 그래서 여러분에게 온 것이다. 그리고 장애의 유무와 상관없이 모든 새는 여러분의 부족한 부분을 채워준다. 새와 사람 모두 서로를 필요로 한다. 어느 한쪽이 없었다면 서로의 인생이란 톱니바퀴는 잘 맞물리지 않았을 것이다. 사람과 새는 인연이라는 끈으로 이어져 있다.

예기치 못한 순간에 찾아오는 이별에서 여러분은 뭔가 배우게 될 것이다. 분명 소중한 것을 가르쳐준다. 서로에게 둘도 없는 존재로서 서로를 지지하는 모습이야말로 아름답다고 생각한다. 필자는 이따금 결손이 생기는 톱니바퀴를 고치는 존재로서, 서로의 인연을 소중히 해 나가길 바랄 뿐이다.

케어

방치된 새는 표정이 없다

취학, 취직, 출산 등으로 앵무새와 함께하는 시간이 줄어드는 경우가 있다. 단순히 먹이와 물만 공급받는 앵무새도 적지 않다. 사실 이런 상황은 방치에 가깝다. 병원을 찾았을 때는 이미 병이 깊어진 경우도 많다. 방치된 새들은 대부분 표정이 없고 무기력하다. 자신을 봐주는 사람이 없으면 새도 활력을 잃는다.

새도 마음의 상처를 입는다

사람의 손에 오르도록 키워진 앵무새라도 사람이 전혀 상대해주지 않으면 사람에게 난폭하게 구는 경우가 있다. 간혹 앵무새를 키우면서 새롭게 반려견을 맞이하는 가정이 있다. 그러면 가족 모두의 관심이 개에게 쏠리게 된다. 이런 상황에서 앵무새가 깃털 뽑기 행동을 해서 병원을 찾는 사례가 적지 않다. 사람에 대한 믿음을 잃은 새를 보면 마음이 아프다.

손노리개 새 vs. 반려조

일본에서는 사람에게 길들여진 새를 '손노리개 새'라고 부른다. 그런데 자신의 새는 사람의 손을 싫어하고 손에 오르려 하지 않는다고 하는 사육자들이 있다. 길들여지거나 손에 오른다는 의미보다는 함께 살아간다는 의미에서 반려조라고 부르는 것이 적절할 것이다.

Chapter

02

앵무새 마음 이해하기

사람과 마찬가지로 모든 앵무새의 행동에는 이유가 있다.
행동에 숨겨진 심리나 습성을 파악해 앵무새에 대한 이해를 넓히자.

앵무새는 사람을 이해한다

•

의사소통에 언어는 그다지 중요하지 않다

사람은 언어, 시각, 청각이라는 세 가지 수단으로 의사소통을 한다. 미국의 심리학자 메라비언은 인간의 의사소통에서 어떤 요소가 더 중요한지를 연구했다. 그러자 예상과 달리 언어는 전체의 7%, 시각정보는 55%, 청각정보는 38%로 나타났다. 우리는 언어를 통한 의사소통이 가장 중요하다고 생각하지만 실제적으로는 비언어적 메시지가 훨씬 큰 영향력을 발휘한다. 이것이 '메라비언의 법칙'이다.

새들의 울음소리를 언어적 메시지라고 생각하기 쉽지만, 새 역시 시각과 청각이라는 비언어적 메시지로 의사소통을 한다. 앵무새가 기뻐하고 삐지고 화내는 것을 우리가 이해할 수 있는 것은 비언어적 표현이 닮았기 때문이다. 새의 입장에서 인간의 비언어적 표현도 고스란히 전달되는 것이다. 사육자가 괴로워할 때, 혹은 울고 있을 때 앵무새는 가만히 옆으로 다가온다. 슬퍼할 때는 함께 고개를 떨구기도 한다. 사육자가 표출하는 비

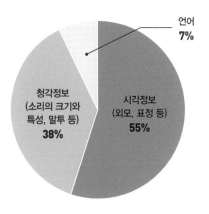

청각정보
(소리의 크기와
특성, 말투 등)
38%

언어
7%

시각정보
(외모, 표정 등)
55%

┌─ 메라비언의 법칙 ─┐

1971년 미국의 심리학자 앨버트 메라비언*Albert Mehrabian*은 논문을 통해 '메라비언의 법칙'을
발표했다. 의사소통을 할 때 상대에게 전달되는 것은 청각정보, 시각정보, 그 다음이 언어라는
것이다. 새는 사람 이상으로 뛰어난 시각정보를 전달한다. 이것이 사람과 새가 서로 이해할 수
있는 이유 중 하나일 것이다.

언어적 감정을 접했을 때, 앵무새들은 '무슨 일이야? 괜찮아?'라는 표정으로 옆에 있어 준다.

비언어적 표현이 유사해 서로를 이해할 수 있다는 사실은 그만큼 서로에게 필요한 존재라는 증거일지도 모른다.

동물과 인간의 비언어적 커뮤니케이션은 크게 다르지 않다. 이 때문에 인간도 앵무새의 희로애락을 알아챌 수 있고 당연히 앵무새도 인간의 감정을 이해한다. 의기소침할 때 고개를 떨구는 것도 인간과 같다. 멀다면 먼 두 종이 이렇게 서로를 이해할 수 있는 것은 서로에게 필요한 친구라는 메시지일지도 모른다.

tweet

앵무새에게도 취향이 있다

•

애착 물건은 앵무새를 안정시킨다

아이들이 봉제인형이나 담요 등에 애착을 갖는 경우는 흔히 볼 수 있다. 애착을 느끼는 물건을 빼앗으면 울음을 터뜨리거나 때로는 패닉 상태가 되기도 한다.

아이들과 마찬가지로 앵무새도 봉제인형이나 장난감에 애착을 갖는데, 이런 물건이 있을 경우 사람이 집에 없더라도 정신적으로 안정감을 느낄 수 있다. 새를 한 마리만 키운다면 유조 때부터 애착을 느끼는 물건을 플라스틱 케이스 안에 넣어 함께 지내게 하자. 그러려면 유조 시기부터 반려조가 무엇을 좋아하는지 파악해야 한다.

밥을 먹을 때도 함께

이쿠라(8세, ♂)

오리 장난감을 좋아하는 이쿠라. 새끼 때부터 줄곧 함께 생활하고 있다.
다행히 발정 대상물은 되지 않았다(62쪽 참고).

좋아하는 장소에서도 함께

새가 애착을 보이는 물건은 보통 자신보다 크기가 작으면서 눈이 달려 있는 것이다. 새는 눈이 좋고 시각정보의 처리 능력도 뛰어나다. 때문에 사람과 마찬가지로 눈이 있는 물건을 친구로 인식하는 경우가 많다.

단, 장난감은 이따금 발정 대상이 될 수 있다. 좋아하는 물건을 선택할 때 주의할 점은 62쪽을 참고하자.

특정 장난감에 애착을 갖는 것은 인간의 아이들만이 아니다. 앵무새도 좋아하는 물건이 있다. 그중에는 사람이 만지면 화를 내는 개체도 있다. 어릴 때부터 장난감과 함께 생활하면 애착을 갖기 쉽다. 앵무새 한 마리를 키울 경우 새가 좋아하는 대상이 있는 것은 나쁘지 않다. 사람이 없을 때 안정감을 느낄 수 있기 때문이다.

앵무새는
몸이 아파도 숨긴다?

•

늘 새의 건강 상태를 살피자

사람들은 몸이 안 좋더라도 주변 사람들에게 걱정을 끼치지 않으려고 '괜찮다'라고 하는 경우가 있다. 새들도 같은 이유에서 괜찮은 척 하는 걸까?

실제로는 사람들이 새의 상태를 알아채지 못하는 경우가 많다. 새는 야생에서 포식 대상이기 때문에 공격을 당하지 않으려고 일부러 병을 숨긴다는 꽤 그럴듯한 말도 있지만 사실이 아니다. 새들은 평소처럼 움직일 수 있는 한 특별한 변화를 보이지 않는다. 또 병에 걸려도 큰 자각 증상이 없기 때문이기도 하다.

확연히 상태가 나빠 보인다면 이미 병이 진행되어 움직일 수 없게 되었거나 자각 증상이 나타나기 시작했다는 의미다. 평소처럼 먹는 행동을 하는데 실제로는 먹지 않고 '먹는 시늉'을 하는 경우도 있다.

이런 행동을 놓치지 않으려면 매일 몸무게를 재고 배설물의 양과 먹는 우리는 몸이 좋지 않아도 괜찮다고 말할 때가 있다.
그런데 앵무새 역시 괜찮지 않은데도 괜찮은 척 행동하기도 한다.
흔히 새는 병을 숨긴다고 하는데, 새가 의식해서 그런 행동을
하는 것이 아니라 사람이 알아차리지 못해서일 경우가 많다.
가짜로 먹는 시늉을 하는 것은 변이나 몸무게 체크를 하면 바로 알 수 있다.

양을 확인해야 하고, 정기적으로 건강검진을 받아야 한다. 특히 2세 이상이 되면 1년에 한 번은 엑스레이 검사와 혈액 검사를 포함한 종합검진을 받도록 하자. 그러면 질병의 징후를 놓치는 일이 줄어든다. 자세한 내용은 170쪽을 참고하자.

'외로움'과 '지루함'이
2대 스트레스

새가 일상에서 받는 스트레스는 2가지, 즉 '외롭다'와 '지루하다'이다. 그중 어떤 스트레스가 더 큰지는 새장 밖으로 나왔을 때 어떤 행동부터 하는지를 관찰하면 알 수 있다. 사람에게 바짝 붙어 있으면 외로움을 느끼는 것이고, 좋아하는 것을 하며 놀면 지루함을 느끼는 것이다. 사람과의 접촉은 물건으로 대체할 수 없다. 새의 행동으로부터 무엇을 원하는지 파악하자.

새장에서 나와 바로 하는 행동이 포인트

일상적인 스트레스의 대부분은 욕구불만이다. 욕구불만을 간단히 정의하면 '하고 싶은데 할 수 없는' 것이다. 손에 오르는 새들은 새장 안에서 많은 시간을 보내는 것은 좋아하지 않는다. 사람과 함께 있고 싶은데 사람이 없으니 외롭다. 새장에서 나가 놀고 싶은데 그럴 수 없으니 지루하다. 이러한 욕구불만을 풀기 위해 새장에서 나오면 참았던 행동을 가장 먼저 하는 경향이 있다. 외로웠다면 사람의 곁으로 날아가고, 지루했다면 방안을 날아다니거나 가고 싶었던 곳에 가서 놀기도 한다.

이를 해결하는 방법 중 하나는 새장 안에서 지루하지 않도록 장난감을 넣어주는 것이다. 물론 외로움을 느끼는 새는 물건으로 만족하지 못한다. 사람도 스트레스가 쌓이면 쇼핑을 하지만 물건으로 만족하는 것은 일시적일 뿐이다. 새가 새장에서 나왔을 때의 행동을 보고 무엇을 참고 있었는지 파악하자. 그리고 대책을 세우는 것이 사육자의 의무다.

심리
05

새도 매일
스트레스를 받는다

•

짝과 떨어지면 스트레스 호르몬이 분비된다

새 한 쌍이 짝의 관계를 유지하거나 같은 행동을 할 때 스트레스 호르몬인 코르티코스테론corticosterone이 관련되어 있다는 사실이 밝혀졌다.

야생의 새에게는 다양한 스트레스가 있다. 그중에서도 자신의 짝과 떨어졌을 때 강한 스트레스를 받는다. 떨어져 있었던 시간이 아주 짧아도 수컷과 암컷 모두 스트레스를 받는다는 사실이 최근 연구를 통해 알려졌다.

금화조 한 쌍을 분리시켜서 서로의 소리도 들리지 않고 모습도 보이지 않게 한 상태에서, 혈액 속 코르티코스테론 수치를 측정했다. 그러자 짝과 떨어진 직후부터 수치가 상승했다. 다른 금화조와 만나게 해도 변함이 없다가, 자신의 짝을 다시 만나서야 정상 수치를 회복했다. 새는 짝과 떨어지면 큰 스트레스를 받으므로 항상 행동을 함께하는 것이다.

앵무새 역시 자신의 짝과 떨어졌다 재회하면 함께 지저귀며 가까이 다가

가 털을 골라준다. 이것을 친화행동이라고 한다. 한 쌍의 새는 친화행동을 통해 스트레스를 완화한다.

사람을 짝으로 인식하는 새도 마찬가지

연구 결과를 보면, 사람을 짝으로 인식하는 새는 사람이 집을 비운 동안 스트레스를 받을 가능성이 크다. 사람이 돌아왔을 때, 앵무새가 기뻐하며 사람 곁으로 오고 싶어 하는 것은 그동안 쌓인 스트레스를 완화하려는 행동이다. 자신의 짝인 사람과 친화행동을 하려는 것은 매우 자연스러운 욕구다.

사육자가 귀가한 후에 이런 새의 욕구를 무시하면 새는 새장 안에 홀로 남겨진다. 짝의 옆에 가고 싶은데 갈 수 없다⋯, 친화행동을 하고 싶은데 할 수 없다⋯, 그러면 새로운 스트레스가 더해진다.

*친화행동이란 새 한 쌍이 나누는 지저귐, **근접近接, 서로의 깃털 고르기를 말한다. 스트레스를 받은 후에 이 친화행동이 증가하는 경향이 있다. 야생에서는 다른 개체나 천적의 공격, 싸움, 장거리 이동, 악천후, 물 부족 등으로 스트레스가 발생하게 되는데 어떤 종류의 스트레스든 혈액 속의 스트레스 호르몬이 증가한다.

이렇게 스트레스 호르몬이 증가하면 본능적으로 친화행동을 해서 스트레스를 해소하려고 한다. 사람을 짝으로 인식하는 새는 스트레스를 받으면 사람을 찾는다. 역으로 사람이 스트레스를 받고 있다고 느끼면 가까이 다가온다. 짝과의 동조同調는 스트레스 호르몬에 의해 나타나는 것으로 알려져 있다.

*친화행동 동료에게 사랑의 감정을 나타내는 행동으로 스트레스나 불안을 완화하는 효과가 있다. 단순한 지저귐은 친화행동에 해당하지 않는다. 가끔 새끼리 입맞춤을 하기도 한다.
**근접 가까이 있는 것, 혹은 다가가는 것.

사람이 행복하면
새도 행복하다

·

감정은 전염된다

반려견을 대상으로 한 연구에 따르면, 사육자가 느끼는 장기 스트레스와 반려견의 스트레스 강도가 상관 관계에 있다고 한다. 1년간 사육자의 모발과 반려견의 털에서 스트레스 호르몬 농도 변화를 조사한 결과다. 또한 사람과 반려견의 심박수를 비교한 실험은, 사람의 감정이 다양하게 변할 때마다 개가 반응을 보인다는 사실을 밝혔다. 개는 사람의 얼굴 표정에서 감정을 읽고 반응할 뿐 아니라 읽은 감정에 공감한다는 사실도 알 수 있다. 이것을 '감정의 전염'이라고 한다.

유감이지만, 새에 대해서는 아직 반려견만큼의 연구가 이루어지지 않았다. 그러나 키우고 있는 앵무새의 반응을 보면 인간의 표정 등 비언어적 메시지(70쪽 참고)가 새의 스트레스에 영향을 주는 것은 거의 확실해 보인다.

사람과 새의 스트레스도 상관관계에 있다

새가 사육자를 선택한 것은 아니지만 함께 사는 사람을 친구로 인식한다. 행복한 사람, 다시 말해 스트레스 정도가 낮은 사람과 생활하는 새는 사람의 비언어적 표현에서 스트레스를 읽지 않으므로 행복도가 높을 것이다. 반면 그다지 행복감을 느끼지 못하는 사람, 다시 말해 스트레스 정도가 높은 사람과 살 경우, 새는 사육자의 스트레스를 그대로 느낀다.

앵무새와 사육자는 서로를 치유한다

앵무새를 보며 일상의 스트레스를 치유하는 사람이 많을 것이다. 그러나 일방적으로 행동하면 앵무새는 더 큰 스트레스를 받을 수 있다. 사육자가 새의 스트레스를 적극적으로 보살펴야 한다는 의미다.

사육자의 귀가가 늦고 바빠서 함께하는 시간이 줄어들면 새의 스트레스는 늘어난다. 귀가 시간은 어쩔 수 없더라도, 새가 소리 내어 사육자를 부를 때 함께 시간을 보내는 것을 최우선으로 하자. 새장에서 나오게 해서 함께 놀거나 새를 쓰다듬는 등 새가 원하는 친화행동(80쪽 참고)을 하는 것이 중요하다. 이러한 행위는 새의 스트레스를 치유할 뿐 아니라 사육자 자신의 스트레스 완화로도 이어진다.

반려조는 함께하는 가족이다. 서로가 행복하게 살 수 있는 삶의 방식을 찾자.

짝과의 *동조에 스트레스 호르몬이 관여한다는 점을 생각하면, 사람을 짝으로 인식하는 새에게 사람의 스트레스 정도가 영향을 미칠 가능성이 있다. 스트레스 정도가 낮은 행복한 사람과 동조하는 새는 행복도가 높아지고, 반대로 스트레스 정도가 높은 사람과 동조하는 새는 불안하고 우울할 수 있다.

tweet

*동조同調 다른 사람의 행동에 맞춘다는 심리학 용어

수동적인 새 vs. 능동적인 새

•

새의 성격은 두 가지로 나뉜다

앵무새의 성격은 다 다른데 크게 수동적인 유형과 능동적인 유형으로 구분된다. 수동적인 새는 사람이 곁에 있어도 움직임이 많지 않고 의식적으로 다가갔을 때만 반응한다. 반면 능동적 성향의 새는 사람이 보이기만 해도 반응한다. 적극적으로 소리 내어 지저귀거나 사람 앞을 왔다갔다하며 자신에게 오도록 유도한다.

사람이 집을 비울 경우, 수동적인 새는 먹이를 먹을 때 외에는 한 자리에 가만히 머물러 있다. 한편 능동적인 새는 낮잠을 잘 때 외에는 새장 안을 오르내리며 돌아다니고 장난감을 가지고 놀거나 새장을 갉는 등 활발하게 움직인다.

　최근 재택근무를 하는 사람이 늘어나면서, 사육자와 앵무새의 관계에도 변화가 생겼다.

　사람이 집에 머무는 시간이 늘어날수록 새의 행복감도 커질 것이라고 생각할 수 있다. 수동적인 새는 그럴 수도 있지만, 능동적인 새는 사정이 좀 다르다. 사육자가 눈에 보이는 곳에 있으면서 상대해 주지 않거나 옆에 갈 수 없다는 사실이 오히려 스트레스로 이어지는 것이다. 재택근무 중에 새가 계속 지저귄다면 사육자도 곤란해진다.

새의 성격에 맞춰 대응한다

능동적인 새의 불만을 가라앉히려면 사육자가 보이지 않는 장소로 새장을 옮기면 된다. 다만, 목소리가 들리면 앵무새는 사육자가 집에 있다는 사실을 알아챈다. 그러니 목소리나 생활소음이 들리지 않는 장소로 새장을 옮기거나 사육자가 업무를 보는 장소를 바꿔야 한다.

만약 사람의 목소리나 생활소음이 들릴 수밖에 없는 환경이라면, 새가 지저귈 때는 가능한 한 상대하지 않고 새가 울지 않을 때 상대해 준다는 규칙을 만든다. 단, 사육자 스스로 규칙을 성실하게 지켜야 한다. 규칙을 정해 놓고 사육자가 먼저 어기면 새는 혼란스러울 수밖에 없다.

사람이 앵무새를 보거나 말을 걸 때만 반응하는 개체가 있고, 사람이 자신을 의식하지 않아도 반응하는 개체가 있다. 후자의 경우, 새장 안에서 아는 척을 했는데 사육자가 상대해주지 않으면 불만을 갖게 된다. 재택근무로 새가 스트레스를 받는다면, 업무를 해야 할 때는 새가 사육자를 볼 수 없도록 하는 것도 방법이다.

상대의 소리를 기억한다

——

사랑앵무의 수컷은 암컷의 울음소리를 흉내 내어 운다. 암컷은 이 소리를 이해하고 수컷과 '콘택트 콜contact call'을 한다. 콘택트 콜이란 서로를 부르는 소리로 짝과 떨어져 있을 때 활용한다. 수컷과 2개월 떨어져 있었던 사랑앵무 암컷이 수컷의 소리를 기억하고 콘택트 콜을 했다는 연구도 있다.

그런데 6개월이 지나자 수컷이 소리 내어 불러도 콘택트 콜을 하지 않았다. 사랑앵무 암컷은 6개월이 지나면 수컷의 소리를 잊어버리고 짝으로 인식하지 않는다는 사실을 시사한다. '병원에 입원한 새가 나를 잊어버리면 어떡하죠?'라고 걱정하는 사육자도 있는데, 그 정도로는 잊어버리지 않으니 안심해도 된다.

운동으로 지저귐을 해결한다?

——

새의 지저귐을 고민하는 사육자가 많은데, 분리불안이 원인일 가능성이 크다. 분리불안을 겪는 반려견에게 하루 4시간 이상 산책과 운동을 처방하자 뚜렷한 개선 효과가 있었다는 연구가 있다. 매일 이루어지는 운동을 통해 스트레스를 해소하고 만족감을 얻는 것이 개선의 열쇠다.

관심을 위한 지저귐도 있다

——

새의 지저귐에는 주의를 환기시키려는 의도도 포함되어 있다. 분리불안에 의한 지저귐은 사람이 보이지 않을 때나 외출할 때 심해진다. "지금 어디에 있어? 어디 가?"와 같은 불안감 때문이다. 주의 환기를 위한 지저귐은 반대로 사람이 보이거나 기척이 있을 때 이루어진다. "여기 봐, 이쪽으로 와, 나가게 해줘, 배고파" 등의 의미다.

사람의 주의와 관심을 끄는 것이 목적인 셈이다. 따라서 울었더니 '사람이 보였다, 왔다, 대답했다, 내보내주었다, 밥을 주었다' 등의 반응을 보이면 지저귐은 한층 심해진다. 이런 상황에서는 무반응일 때 스트레스를 받게 되므로, 주의 환기를 위한 지저귐에는 지나치게 반응하지 않도록 하자.

말을 거는 것이 문제행동을 강화한다

새들이 주의 환기를 위해 쓰는 방법은 지저귐만이 아니다. 경우에 따라서는 털 뽑기, 자해하기, 비명 지르기 등도 사용한다. 털을 뽑을 때 사육자가 "왜 그래? 그만해!"라고 반응하면, 앵무새는 털을 뽑으면 사람의 주의를 끌 수 있다고 학습한다. 깃털 뽑기에 예민하게 반응하지 않는 것도 중요하지만, 무료한 시간을 만들지 않는 것이 무엇보다 중요하다.

알아 두자! 정형행동

•

스트레스의 척도인 정형행동

정형행동은 반복성 행동이라고도 한다. 같은 동작을 반복하는데 그 행동의 목적을 알 수 없다. 동물원에서는 동물의 스트레스 지표로 활용된다. 케이지 안을 계속 왔다갔다하는 사자, 울타리를 계속 핥는 기린, 목을 좌우로 흔드는 북극곰 등 다양한 동물에게서 나타난다.

사육 환경의 앵무새에게도 정형행동을 흔하게 볼 수 있다. 새장을 물어뜯거나 부리를 계속 오물오물 움직이는 '구강 행동', 계속 소리치는 '샤우팅', 먹이를 떨어뜨리고 줍는 동작을 반복하는 '드리블링', 새장 안을 뱅글뱅글 도는 '서클링', 횃대를 좌우로 왔다갔다하는 '페이싱' 등이 대표적이다.

정형행동의 목적은 스스로 오감을 자극하는 것이다. 자기-자극 행동의 일종인데 자신의 정신적인 고통을 완화하려는 목적이라고 추정된다.

정형행동을 한다면 대책이 시급하다

앵무새가 정형행동을 한다면 습관이 되기 전에 대처해야 한다. 습관화
되면 좀처럼 고쳐지지 않는다. 평소 느끼는 스트레스가 표출된 것이니 만
큼 개선하지 않으면 스트레스가 계속 쌓여 식욕이 폭발하거나 위염을 일
으킬 수도 있다. 새가 무엇에 스트레스를 받는지 알아보려면 새장에서 나

왔을 때 무엇을 하는지 관찰하면 된다(78쪽 참고). 외로움을 느낀다면 소통하는 시간을 늘려야 한다. 무료함이 원인이라면 새장 밖에서의 시간을 늘리거나 *먹이활동이나 *환경 풍부화가 필요하다.

같은 행동을 반복하는 것을 정형행동stereotyped behavior이라 한다.
새장을 물어뜯어 금속음을 내는 행동은 '창살 뜯기'라는 정형행동이다.
이런 행동은 스트레스에 대응한 것으로 동물 복지의 지표로 알려져 있다.
정형행동은 '자기-자극'을 위한 것으로 보이는데,
특별히 할 것이 없는 무료함이 계기로 작용하는 경우가 많다.

*먹이활동 Foraging 야생에서 동물이 먹이를 찾는 행동을 말한다. 야생동물은 깨어 있는 대부분의 시간을 먹이활동에 쓰지만 사육동물은 전혀 그렇지 않다. 결국 무료한 시간이 스트레스의 원인이 된다.
*환경 풍부화 environmental enrichment 사육동물이 보다 다양하고 풍부한 환경에서 생활하도록 하는 노력을 말한다.

있는 그대로의 모습을 받아들이자

가끔 '앵무새의 성격이 바뀌었는데 어떻게 해야 할지 모르겠다'라는 상담을 받곤 한다. 이 상황을 사람으로 바꿔 생각하면 이해가 쉬울 것이다. 우리는 상대가 변하지 않길 바라기도 하고, 변했으면 하기도 한다. 상대에겐 둘 다 괴로운 일이다. 앵무새 역시 나이를 먹거나 환경 변화에 따라 성격이 변하기도 한다.

하지만 타고난 성격이나 유조기에 형성된 성격은 쉽게 변하지 않는다. '다른 사람을 바꿀 수는 없다. 변할 수 있는 것은 자신뿐이다'라는 격언도 있지 않은가. 새를 바꿔보겠다고 애쓰는 것보다 사육자 자신이 새를 믿고, 있는 그대로를 사랑하는 것이 문제 해결의 기본이라고 생각한다.

새에게도 사적인 공간이 있다

우리에게 사적인 공간이 필요하듯 앵무새도 자신만의 공간이 필요한데, 이는 종이나 개체, 친밀도에 따라 조금씩 다르다. 모란앵무나 그린칙 코뉴어, 카이큐 등은 짝에게 몸을 밀착시키는 경향이 있지만, 사랑앵무나 왕관앵무, 회색앵무는 짝이라도 조금 거리를 둔다. 사람도 새도 편안한 거리를 유지하는 것이 중요하다.

소통 능력에도 개체 차이가 있다

새도 아이 콘택트*eye contact*를 한다. 아이 콘택트를 하는 시간은 개체마다 다르다. 일반적으로 아이 콘택트 시간이 긴 개체가 소통 능력이 좋다. 하지만 앵무새 중에도 바로 눈을 피해버리는 개체가 있다. 소통의 기본은 상대를 주인공으로 생각하는 것이다. 앵무새의 상태를 살피고 사람 쪽에서 거리감을 맞춰 가자.

성장하면서 마음도 변한다

———

어릴 때는 사육자를 잘 따르다가 성조가 된 후에는 다른 가족을 좋아하게 되는 경우도 있다. 어린 시절에는 보호받지 않으면 생존이 어렵기 때문에 보호해 줄 사람에게 의존한다. 그러나 성性 성숙을 한 후엔 생활환경 안에 있는 사람이나 새 중에서 짝을 선택한다. 가장 잘 보살펴 주는 사람을 선택한다는 보장은 없다.

새는 사육자의 마음을 비추는 거울

———

앵무새가 사람을 졸졸 따라다닐 경우, 반드시 외로워서만은 아니다. 싸움에서 지거나 병에 걸렸을 때 사이 좋은 새들은 바짝 붙어서 행동한다. 그러므로 어쩌면 사육자의 곁을 지켜주려는 것일 수도 있다. 때때로 앵무새는 사육자의 마음을 비추는 메타포metaphor로서 행동한다.

앵무새는
짝을 이루어 산다

•

유조 시기의 각인으로 사람을 짝으로 선택할 수 있다

새들은 유조 시절 함께 생활한 생물을 같은 무리로 인식하고 그 안에서 파트너를 고른다. 이것을 '성적性的 각인刻印'이라고 한다. 비슷한 예로 어미와 새끼 사이의 '부모 각인'도 있다. 이소를 하는 새들은 알에서 나온 후 2~3일간 본 움직이는 상대를 어미로 인식한다. 흰뺨검둥오리의 유조들이 일렬로 서서 어미의 뒤를 열심히 따라가는 것도 어미와 새끼 사이의 각인 덕분이다.

'성적 각인'은 '부모 각인'과는 달리 유조에게 특별한 자극이 주어지는 시기(학습 임계기)에 일어난다. 반려조 각각의 상세한 시기는 알기 어렵지만, 이소한 후 수주 동안이라 추정된다. 이 기간에 사육자를 짝으로 선택할 수 있다.

앵무류와 핀치류는 대부분 일부일처제를 이룬다.
유대감도 매우 강하고 애정이 넘친다. 사람의 손에 키워진 새는
사람을 같은 무리로 인식하고 사람과 짝을 이루려 한다.
앵무새는 사람을 매우 사랑하지만 사람이 자신에게 관심을 주지 않으면
'함께 있는데 왜 나를 봐주지 않는 거지?' 하고 불만을 갖게 된다.

tweet

짝을 이룬 새는 항상 서로를 배려한다

앵무새뿐 아니라 대부분의 반려조는 일부일처제다. 짝으로 사람을 선택한 새는 그 사람과 함께하고 싶어 한다. 다른 가족이 있어도 꼭 그 사람 곁으로 가기 때문에 바로 알 수 있다. 만약 새가 새장 밖으로 나왔는데 짝이 자신에게 관심을 갖지 않으면 새는 불만을 갖게 된다. 한 쌍의 새는 늘 서로에게 모든 관심을 기울이기 때문이다.

새와 함께 있는데 TV나 스마트폰을 본다거나 다른 사람과의 대화에 열중하면, 새는 자신에게 주의를 기울이지 않는다는 것을 바로 알아차린다. 울거나 물거나 해서 어떻게든 주의를 끌려고 한다. 나쁜 뜻이 있는 것이 아니라, 자신을 봐주고 상대해 주길 바라는 마음뿐이다. 즉 새의 본능에

따른 행동이다.

그런데 사람은 이를 '시끄러운 울음소리, 무는 버릇'으로 받아들인다. 모든 새의 행동에는 이유가 있다. 사육자 자신이 그 원인일 가능성이 있음을 잊지 말자. 새의 행동을 비난하기 전에 우선 자신의 행동을 되돌아보자.

짝을 이루는 것은
번식과 육아를 위해

•

뉴기니아앵무는 다처다부제

대부분의 앵무류와 핀치류가 일부일처제를 유지하는 이유는 유조를 잘 키우기 위함이다. 실제로는 '종내 다양성'을 위해 수컷과 암컷 모두 짝 이외의 상대와 짝짓기를 한다. 알의 유전자를 조사한 연구에서 약 40%의 알이 배우자와는 다른 유전자를 지닌 것으로 밝혀졌다.

그런데 한 연구에 따르면 뉴기니아앵무(이클렉터스)는 다처다부제라고 한

다. 한 마리의 암컷이 복수의 수컷에게 먹이를 제공받으며 유조를 키우는 보기 드문 형태를 보인다. 암컷은 하나의 둥지에서 지내지만 그곳에 여러 마리의 수컷이 찾아와 짝짓기를 한다. 수컷은 둥지에서 둥지로 이동하며 여러 마리의 암컷과 짝짓기를 하고 암컷에게 먹이를 가져다준다.

이는 야생 환경에서 뉴기니아앵무가 둥지를 만들 만큼의 나무 구멍이 없기 때문인 것으로 추정된다. 다처다부제를 유지함으로써 적은 둥지로도 번식의 기회를 늘리려는 전략인 것이다.

다처다부제인 뉴기니아앵무를 제외하면 대부분의 앵무류와 핀치류는 일부일처제를 유지한다. 대략적으로 일부일처제는 맞는데, 조류 대부분은 혼외 짝짓기를 한다. 물론 엄격한 일부일처제를 유지하는 새도 있다. 대표적 사례가 금화조인데, 파트너와의 유대 형성과 관련된 많은 연구가 이루어지고 있다.

육아를 해야 하는 암컷 새는 인내심이 강한 수컷을 선택한다. 하지만 암컷 새는 비교적 높은 비율로 바람을 피운다. 알을 조사했더니 약 40%의 알이 배우자와 다른 유전자를 갖고 있었다고 한다. 자신의 유전자를 많이 남기려면 외모가 수려한 인기 있는 수컷의 유전자가 필요하다. 이것이 암컷의 번식 전략인 셈이다.

tweet

조류학에서도 짝의 유대 형성 모델에 대한 연구가 진행되고 있다. 실험에 따르면, 유대 형성에는 메소토신Mesotocin과 아르기닌 바소토신agrinine vasotocin이란 2종의 호르몬 물질이 관여한다. 포유류의 옥시토신Oxytocin과 바소프레신Vasopressin에 해당한다. 옥시토신은 애착과 수유, 바소프레신은 사회성, 항이뇨 호르몬에 해당한다.

한 쌍의 금화조에게 호르몬에 방해가 되는 물질을 투여하자 친화행동(80쪽 참고)과 소리로 서로의 존재를 확인하는 콘택트 콜이 감소하는 결과가 나왔다.

야생에서는 금화조의 짝 외 짝짓기를 보기 힘들지만 사육환경에서는 흔하게 목격된다. 가정에서는 먹이 부족, 기후 이상, 천적과 같은 번식 리스크가 적기 때문에 엄격한 일부일처제를 지키지 않아도 종의 존속이 가능하기 때문일 것이다. 이렇듯 야생의 행동 방식이 사육 환경에서는 나타나지 않는 경우는 아주 많다.

암컷은 수컷을
테스트한다

●

암컷 새는 자주 응석을 부린다. 종에 따라 다르지만
자세를 낮추고 꼬리를 흔들거나 아기 새처럼 부리와 날개를 흔들어
수컷에게 먹이를 조른다. 이렇게 새끼처럼 어리광을 부리면
수컷은 암컷에게 먹이를 준다. 사람의 입장에서는
뻔뻔해 보일 수 있겠지만, 이런 행동을 통해
수컷이 육아를 잘 해낼지 시험하는 것이라고 한다.

암컷의 뻔뻔함은 육아 전략의 일환

암컷이 수컷 앞에서 아기 새와 유사한 행동을 할 때가 있다. 예컨대 매
력 넘치는 수컷에게 부리와 날개를 흔들며 먹이를 조르는 것이다. 사람의

입장에서는 뻔뻔해 보이지만 암컷은 짝을 이룰 수컷을 테스트하는 중이다. 암컷의 행동에 반응하는 수컷은 새끼에게 적극적으로 먹이를 공급하는, 즉 육아에 뛰어난 아빠 새가 될 가능성이 크다.

물론 만나자마자 바로 짝을 결정하는 암컷도 있다. 암컷이 아기 새처럼 행동하는 것은 본능이라기보다 성격 차이일 가능성이 크다.

같은 종 가운데 다양한 성격의 개체가 존재하는 것을 '종내 다양성'이라고 한다. 종내 다양성이란 쉽게 말해 개성이다. 하나의 종 안에 포함된 모든 개체가 유사한 성격을 가진다면 이제까지 종이 경험한 적 없는 미지의 문제에 대응하기 어렵다. 개체의 성격이 다양하면, 상상할 수 없는 미지의 국면이 발생하더라도 그중 어느 새가 생존의 길을 발견하게 될 것이다. 새뿐만 아니라 모든 생명체에게 해당하는 내용이다.

수컷의 인내심을
시험하는 방법

●

육아에는 수컷의 협력이 필수적이다

*만성조^{晩性鳥}인 앵무류와 핀치류는 유조를 키우는 데 많은 노력을 기울인다. 특히 먹이를 구해 새끼에게 가져오는 일은 중노동이다. 암컷 혼자서는 새끼들을 지키면서 충분한 먹이를 공급할 수 없으므로 수컷의 협력이 필수적이다. 그래서 암컷은 짝을 선택하는 단계에서 인내심 테스트를 한다.

야생에서의 암컷은 자신에게 구애하는 수컷이 있다고 해도 바로 받아들이지 않고 쫓아오면 도망치는 행동을 반복한다. 수컷이 여러 마리인 경우엔 암컷을 둘러싸고 싸울 때도 있는데, 싸움에 이겨 마지막까지 자신을 쫓

---

*만성조 새끼가 미성숙한 상태에서 태어나는 새를 말한다. 만성조의 새끼는 깃털이 없고 눈도 뜨지 못한다. 반대 개념인 조성조(早成鳥)에는 닭, 메추라기 등이 있다.

앵무새 암컷은 수컷의 인내심도 시험한다. 사육 환경에서는 거의 볼 수 없는 모습이지만, 수컷이 많은 야생에서 암컷은 접근하는 수컷으로부터 도망치기를 반복한다. 그러면 쫓아오는 수컷의 수가 점점 줄고 끝까지 쫓아온 수컷은 인내심이 좋다고 판단할 수 있다. 그렇게 암컷은 마지막까지 자신을 쫓아온 수컷을 선택한다.

아온 수컷을 선택한다. 강하고 인내심을 가진 수컷이 천적으로부터 둥지를 지키고 새끼를 키우는 노력을 게을리하지 않을 것이기 때문이다.

　대부분의 사육 환경에서는 수컷이 여러 마리가 아니므로 암컷 쪽에 선택권이 없다. 그래서인지 야생에서는 흔한 이 행동을 보기 어렵다.

습성·본능
05

파트너의 가치관은
같은 편이 좋다

•

가치관이 비슷할 때 건강한 새끼를 기른다

금화조 한 쌍의 개성과 행동 특성을 조사한 연구에서, 새가 짝을 지었을 때 수컷과 암컷의 행동이 유사한 편이 육아에 적합하다는 사실이 밝혀졌다. 행동 특성이란 행동 패턴과 같은 말이다.

연구는 다음과 같이 진행되었다. 우선 금화조 한 쌍을 각각 다른 환경에 두고 어떤 행동을 하는지 실험했다. 첫 번째는 새로운 새장에 넣었을 때, 두 번째는 거울을 접했을 때의 행동이다. 연구 결과 행동의 일치율이 높은, 다시 말해 같은 행동 패턴을 가진 수컷과 암컷에서 태어난 새끼일수록 건강 상태가 좋았다.

일치율이 높은 수컷과 암컷 사이에 태어난 새끼 새는 이소 후 어미 새와 유사한 개성과 행동 특성을 가진다는 사실도 밝혀졌다. 이는 유전뿐 아니라 가족 문화로서의 개성과 행동이 새끼에게 전해진다는 것을 알려준다.

또한 개성과 행동 특성이 일치하는 쌍에서 번식률도 높았다. 수컷과 암

106

조류 한 쌍의 개성 및 행동 특성의 일치율에 따른 새끼의
건강 상태를 조사한 연구가 있다. 여기서 일치율이 높을수록
새끼의 몸무게를 포함한 건강 상태가 좋았으며, 새끼에게서
유사한 행동 특성이 나타났다고 한다. 개성은 다양한 편이 좋지만,
육아에 있어서는 암컷과 수컷의 가치관이 일치하는 편이 좋다.

컷 사이의 대립이 적으면 스트레스도 적어 번식이 쉽고 육아에 전념할 수
있다고 볼 수 있다. 새를 연구한 결과이지만 어쩐지 사람도 마찬가지란
생각이 든다.

경계할 때의
두 가지 울음소리

•

스트레스를 받으면 경계성 소리를 낸다

여러분이 사랑하는 앵무새의 경계성 울음소리, 즉 알람 콜이나 디스트레스 콜을 처음 듣는 장소는 병원일 확률이 높다. 새가 사람의 손을 무서워하거나 집에서 공포스러운 경험을 하지 않는 한, 집에서 이런 소리를 듣기는 어렵기 때문이다. 그런데 동물병원은 사정이 다르다.

낯선 장소에서 모르는 사람의 손에 잡히게 되는 병원에서는 경계심과 공포 때문에 이런 소리를 내게 된다. 새의 울음은 스트레스의 징표다. 병원에서는 재빨리 잡아서 검사와 처치를 한 후 서둘러 케이지 안으로 돌려보내 스트레스를 줄이려 노력하고 있다.

야생에서는 다른 새의 알람 콜이나 디스트레스 콜을 듣고 주변을 경계한다고 알려져 있다. 울음소리는 적이 나타났거나 적에게 잡혔음을 의미한다. 다른 종의 울음소리라 해도 위험한 상황을 감지하기에 충분한 신호다.

병원에서는 다른 새의 울음소리가 대기실까지 들리는 경우가 있어 진찰도 하기 전에 경계하고 긴장하게 된다. 병원에서 돌아오면 일단 새장으로 돌아가 쉴 수 있게 해주고, 안정이 되면 많은 칭찬과 소통을 통해 마음을 풀어주자.

적을 발견했을 때의 울음소리를 '알람 콜', 적에게 잡혔을 때의 울음소리를 '디스트레스 콜'이라고 한다. 잡히지 않으려고 도망치면서 내는 소리가 알람 콜이고, 잡혔을 때 외치는 소리가 디스트레스 콜이다. 두 가지 소리를 들었을 때 같은 종뿐 아니라 다른 종의 새들도 주변을 경계하는 것으로 알려져 있다.

tweet

분리불안을 느낀다면

•

어미 새의 육추에 비해, 인공 육추는 사람에 대한 의존성이
클 수밖에 없다. 이러한 경향은 특히 한 마리를 키울 때 두드러진다.
이른바 손을 탄 상태다. 사육자에게는 반가운 일일 수도 있지만
분리불안이 생길 가능성이 크다. 분리불안이 생기면
사람이 보이지 않을 때 소리 내어 울고 안절부절못한다.

또한 사람이 집에 없으면 움직이지도 먹지도 않는다.
분리불안 대책은 사육자 자신이 엄마 새라고 생각하는 것이다.
부모의 역할은 자녀를 자립시켜 혼자 살아갈 수 있게 해주는 것이다.
물론 어미 새만큼 자립시킬 필요는 없다. 반려조는 돌봄의 손길이
필요하지만 영원히 세 살 아이처럼 대하지 말고
성장 속도에 맞춰 돌봐주자.

tweet

인공 육추는 스트레스에 약하다

사람이 아기 새를 돌보며 키우는 것을 '인공 육추'라고 한다. 확실히 사람을 잘 따르기는 하지만 유감스럽게도 여러 가지 위험이 지적되고 있다. 어미 새가 키우는 자연 육추에 비해, 인공 육추에서는 행동장애가 자주 발생한다. 가장 큰 요인은 어미 새와 떨어지는 데서 오는 스트레스다.

원래 아기 새는 어둡고 좁은 둥지에서 어미 새와 밀착되어, 형제들과 함께 안정된 환경에서 성장한다. 그 과정에서 종의 특이적 행동 패턴(짝과의 거리감, 가족과의 깃털 고르기 방법 및 횟수, 지저귐과 보디 랭귀지 등 비언어적 소통 방법)을 배운다.

어미 새와 긴 시간을 보낸 새끼는 스트레스에 내성이 강하다는 연구 결과가 있다. 그런데 사람의 손에 의해 둥지에서 나와 갑자기 밝은 환경에 놓이고 어미 새와 떨어지는 것은 새끼에게는 큰 스트레스다. 성장기에 혈액 속 스트레스 호르몬인 코르티코스테론이 높으면 뇌 발달에 장애가 발생한다는 주장도 있다.

어미 새와 떨어지면 분리불안이 생기기 쉽다

인공 육추가 일으키는 행동장애 중 하나가 분리불안이다. 분리불안이 생기면 혼자 있기를 극도로 싫어하고 사육자에게 의존하는 경향이 있다. 사육자가 눈앞에서 사라지려 하거나 보이지 않게 되면 계속 우는 것이 특징이다. 횃대 위를 계속 왔다갔다하는 정형행동도 보인다. 사육자가 집에 없으면 먹지 않고 횃대나 장난감을 심하게 물어뜯어 망가뜨리기도 한다. 이 밖에도 분리불안은 털을 뽑거나 물어뜯는 행동을 유발한다.

성조를 어린아이 취급하지 말자

사육자의 대부분은 사랑하는 앵무새를 계속 어린아이로 여긴다. 그러나 새의 성장은 생각보다 빠르다. 소형 새의 경우, 6개월만 지나도 성 성숙한 성조가 된다. 본래 새는 자립 시기가 되면 바로 부모를 떠나고 어미 새도 새끼를 가까이하지 않는다. 그런데 사육 환경에서 새는 사람 곁을 떠나지 않고 항상 사람에게 의존한다. 사람이 새를 돌보는 것은 살아갈 환경을 제공해야 하기 때문이지 어리기 때문이 아니다.

새를 계속 세 살 아이로 인식하면 사육자 자신도 집을 비울 때 걱정이 된다. 혼자 두는 것을 불안해 하거나 지나치게 걱정하면 표정으로 드러난다. 새의 입장에서 보면 왜 그렇게 걱정하는지 알 수 없다. 결국 불안한 얼굴로 집을 나서는 사람을 보며 새도 불안을 느낀다.

성조가 된 반려조는 이제 멋진 어른이다. 외출할 때는 웃는 얼굴로 "다녀올게"라고 말해주자.

사람의 피부를 무는 이유

•

새가 사람의 목과 어깨 등을 자근자근 문다면 깃털 고르기를
하려는 것일 수 있다. 물리면 아프지만 습성 때문에 하는 행동이므로
못 하게 하기 어렵다. 무의식중에 아파서 뿌리치다가
사고가 생기기도 한다. 맨살이 보이지 않도록 옷을 입은 후에
어떻게 하는지 지켜보자.

자근자근 무는 것은 애정 표현

앵무새는 파트너에 대한 친화행동을 매우 중요하게 생각한다. 그리고
대표적인 친화행동이 바로 깃털 고르기다(80쪽 참고). 사람을 파트너로 점

찍은 앵무새라면 털을 고르기 위해 사람의 피부를 물게 된다. 앵무새는 주로 목 주변의 털을 고르기 때문에 사람의 목 근처 피부를 자근자근 씹는다. 새에 따라서는 목 주변뿐 아니라 다른 부위를 물기도 한다. 이를 문제 행동으로 받아들이고 고치려고 애쓰는 사육자도 있는데 생각을 바꿔야 한다. 새의 본성에서 나온 행동이므로 완전히 없애기란 불가능하다. 앵무새는 사람이 싫어한다는 것을 이해하지 못한다.

갑자기 물린 사육자가 반사적으로 하는 행동에 새의 뼈가 부러지는 사고도 가끔 발생한다. 사고를 방지하기 위해서는 물리기 쉬운 부위를 옷으로 가리는 것이 최선이다.

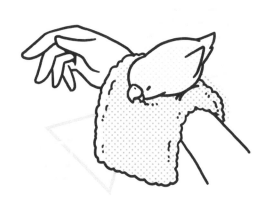

Chapter

03

앵무새 몸 이해하기

앵무새는 자주 접하는 반려동물인 강아지, 고양이와 몸의 구조가 매우 다르다.
지금부터 작은 몸의 큰 신비로움을 만나 보자.

재채기로
콧속을 씻어낸다

•

물을 마신 후에 재채기를 한다

새는 하루에도 여러 번 재채기를 한다. 감기에 걸려서가 아니다. 가끔 재채기를 할 때 비말이 튀는 것은 물을 마셨을 때 비강으로 들어갔던 물이 밖으로 나오기 때문이다.

새의 경구개(입천정의 딱딱한 부분, 117쪽 그림 참조) 중앙에는 '후비공'이란 좁고 가는 구멍이 있고, 후비공은 비강과 이어져 있다. 새가 입을 다물면 후비공과 후두가 이어져 코로 들이마신 공기가 기관으로 들어간다. 후비공은 닫히지 않기 때문에 물을 마시면 자연스럽게 비강 안에도 물이 들어간다. 입에서 코로 이동한 물은 비강 안을 세척하는 역할을 한다. 역할이 끝나면 물은 재채기를 통해 밖으로 배출된다. 물을 마시면서 콧속도 씻어내는 것이다.

앵무새가 재채기를 하면 걱정하는 사람도 있겠지만, 병적인 재채기는

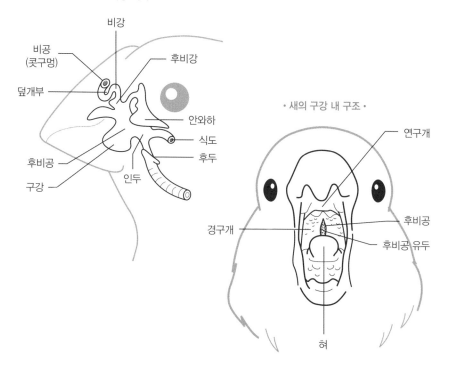

· 새의 비강 내 구조 ·

비강

비공
(콧구멍)

후비강

덮개부

안와하

식도

후두

후비공

구강

인두

· 새의 구강 내 구조 ·

연구개

후비공

후비공 유두

경구개

혀

두 그림에서 알 수 있듯이 새의 입과 코는 후비공으로 이어져 있다.

비염이나 부비강염(190쪽 참고)이 생겼을 때 나타난다. 병적인 재채기를 할 때는 횟수가 잦고 콧물의 양이 많아 콧구멍이 젖어 있다. 또한 콧구멍 위의 털이 오염되고 콧구멍이 막히면서 눈과 볼이 붓는 등의 증상을 동반하므로 자세히 살피자.

117

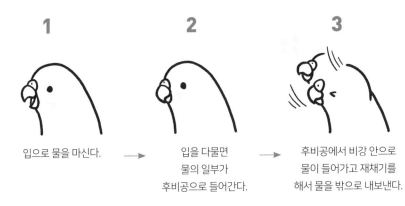

1

입으로 물을 마신다.

2

입을 다물면
물의 일부가
후비공으로 들어간다.

3

후비공에서 비강 안으로
물이 들어가고 재채기를
해서 물을 밖으로 내보낸다.

새는 물을 마실 때 물이 후비공에서 비강으로 들어가는데
이때 재채기를 해서 비강 내부를 씻어낸다. 새가 물을 마신 뒤에
재채기를 하는 이유다. 가끔은 물을 마시고 잠시 있다가
재채기를 하는데 주변에 비말이 튀는 것은 이 때문이다.

tweet

발톱은 코를
청소하는 도구

•

코를 막은 찌꺼기를 발톱으로 요령껏 긁어낸다

앵무새의 비강에는 이물질이 안으로 들어가지 못하게 '덮개'가 있다(117
쪽 그림 참고).

앵무새는 이 덮개 위에 쌓인 물질을 발톱으로 파내는 방법으로 청소한
다. 그런데 평소 발톱이 잘 다듬어져 있지 않으면 문제가 생긴다. 즉 너무
길게 자라거나 뒤틀리거나 변형과 노화로 인해 뭉툭해지면 스스로 비강
청소를 할 수 없다.

또한 다리의 골절이나 관절염, 건초염 등으로 발이 코에 닿지 않거나 한
쪽 다리로 버티고 서 있을 만한 힘이 없을 때도 비강 청소를 하지 못한다.
발톱은 항상 적절한 길이와 어느 정도 뾰족한 상태를 유지해야 한다.

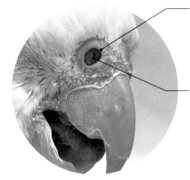

콧구멍(비공)
비공은 콧구멍, 비강은 콧구멍의
내부 공간을 말한다.

덮개
바깥에서 보이는 것이 비강이고
그 안쪽에 보이는 것이 덮개.
코 안에 이물질이 들어가지 못하게
막는 역할을 한다. 공기가 덮개의
옆을 지나 후비강으로 들어가는 구조다.

새는 발톱으로 비강을 청소한다. 발톱이 너무 길거나 변형되어
뭉툭해지거나 발이 장애를 입게 되면 청소를 하지 못해 비강이 막힌다.
그대로 두면 감염되어 코로 숨 쉴 수 없게 되므로 사람이 대신
청소해주어야 한다. 병원에서는 코에 세정액을 뿌린 다음
빨아내는 방법으로 청소한다.

tweet

콧구멍이 막히면 병원에서 청소를

코 청소를 할 수 없어 눈에 띄게 콧구멍이 막혔다면 병원을 방문하자.
병원에서는 생리식염수 등의 세정액을 콧구멍에 분사한 뒤 흡입기로 빨아
낸다. 비강 내부가 막혔을 때는 끝이 가는 핀셋으로 파낸다.

비강 내부에 공기가 통하지 못하면 호흡이 힘들 뿐 아니라 비염이나 부비강염(190쪽 참고)이 발병하기 쉽다. 평소에 앵무새의 콧구멍을 관찰해서 발톱에 문제가 있을 때는 특별히 더 코에 신경을 쓰자.

단순하지만
신비한 귀의 구조

●

의외로 새의 귓구멍은 큰 편이다. 새에게도 고막이 있으며
이소골*ossicles*은 1개다. 중이강*Tympanic cavity*은 이관을 통해
인두와 연결되며 내압을 조절한다. 새는 급격한 상승이나 하강을
동반하는 비행을 하므로 기압 변화에 민감하다. 예컨대 비둘기는
높이가 5m만 바뀌어도 기압의 변화를 느낀다고 한다.

tweet

뛰어난 청각이 의사소통을 뒷받침한다

새의 귀는 인간과 개, 고양이처럼 밖으로 나와 있는 귓바퀴가 없이 구멍
만 있다. 게다가 대부분 깃털 속에 숨겨져 있다.

새는 지저귀는 소리로 의사소통을 하고 암수도 구분한다. 하지만 사람

은 소리로 새의 암수를 구분하기 어렵다. 단, 예외가 있는데 십자매다. 수컷은 높은 소리로 우는 반면 암컷은 탁한 소리로 운다. 새들이 자기 무리의 수컷과 암컷의 울음소리를 구분하는 것은 거의 확실한 것으로 추정된다. 포유류와 비교해 앵무새 귀의 구조는 단순하다.

의외로 단순한 귀의 구조

이소골耳小骨이란 뼈는 고막의 진동을 내이內耳로 전달하는 역할을 한다. 포유류는 이소골이 3개이지만 새는 1개뿐이다(124쪽 참고).

이 이소골에서 전달된 진동을 감각신경에 전달하는 기관이 와우다. 포유류와 인간의 와우는 달팽이 모양을 하고 있는 것으로 유명하지만, 새는 주머니 형태다.

그리고 고막 안쪽에 있는 중이강中耳腔이란 공간은 이관耳管을 통해 인두와 이어져 있는데 내압을 조절하는 역할을 담당한다. 사람들이 비행기를 타거나 높은 산에 올라갔을 때 귀가 먹먹한 것은 내압이 올라갔기 때문이다. 이때 침을 삼키거나 하품을 하면 나아진다.

새도 높이 날아올랐을 때 귀가 압력을 받는지는 알 수 없다. 하지만 사람과 마찬가지로 중이강의 내압이 변하기 때문에 이관에서 내압을 조절한다. 새는 내이가 기압을 감지하는 것으로 보인다.

앵무류와는 몸의 구조가 조금 다르지만 철새는 5~10m의 높이 차이를 기압으로 감지할 수 있다고 한다. 철새가 일정한 고도를 유지하며 나는 것은 이 때문이다. 앵무류나 핀치류에 대해서는 정확한 연구가 없지만 기압으로 고저 차이를 감지할 수 있지 않을까 추정하고 있다.

· 인간의 귀 구조 ·

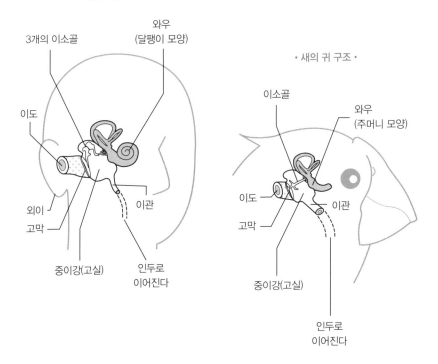

새는 외이外耳가 없고 대개 귓구멍도 깃털에 덮여 보이지 않는다.
사람과 구조가 유사하지만 사람보다 비교적 구조가 간단하다.

머리뼈로
빛을 감지한다

•

일조시간과 수면의 관계에 대해 알아보자.
사랑앵무는 낮이 길면 발정이 자극받는데, 눈을 감고 자더라도
주변이 밝으면 일조시간이 긴 것으로 인식한다. 새의 뇌에는
빛을 수용하는 기관인 송과체가 있어서, 머리뼈를 통해
빛을 감지하고 생체 리듬을 인식한다.

tweet

빛은 앵무새의 뇌까지 도달한다

새는 눈만이 아니라 뇌의 송과체(솔방울샘)로도 빛을 감지한다. 새의 두
개골은 두께가 얇아서 빛이 뇌까지 도달한다. 사랑앵무의 머리뼈는 약
1~2㎜ 정도 되는데 불투명 유리처럼 빛을 통과시킨다. 눈꺼풀도 얇기 때

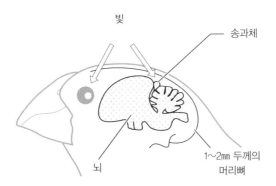

빛

송과체

뇌

1~2mm 두께의
머리뼈

문에 눈을 감아도 빛을 감지한다. 새는 자고 있어도 눈과 솔방울샘으로 생체 리듬을 인식하는 것이다. 발정 억제를 위해 빛에 노출되는 환경을 조절할 경우, 잠자는 시간이 길다고 안심해서는 안 된다. 눈을 감고 자더라도 주변이 밝으면 해의 길이가 길다고 인식하기 때문이다. 빛을 조절하고 싶다면, 깨어 있는 시간이 아니라 밝기 그 자체를 조절해야 한다.

앵무새 눈의 비밀, 망막신경절

•

새의 눈에는 망막신경절*retinal ganglion*이라는 주름 형태의
혈관 구조가 있다. 새는 망막의 혈관 수를 대폭 줄이고, 그 대신
망막신경절로부터 산소와 영양을 공급받는다. 망막의 혈관을
줄임으로써 시세포로부터 더 많은 정보를 받게 되므로 시력이 좋다.
멜라닌이 부족하면 붉은색 눈을 갖게 되는데,
이 경우 육안으로도 망막신경절의 존재를 확인할 수 있다.

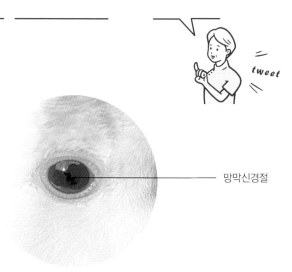

망막신경절

붉은 눈이 약하다고 하는 것은 자외선으로부터 눈을 보호하는
멜라닌이 없기 때문이다. 노화로 인한 백내장의 원인도
자외선으로 알려져 있다. 눈에 멜라닌이 부족하면 자외선에
직접 노출되므로 눈의 노화를 앞당길 가능성이 있다.
붉은 눈이 아니더라도 자외선을 바로 쬐는 것은 좋지 않다.

tweet

여러 층으로
이루어진 부리

•

부리는 생활 속에서 자연스럽게 깎인다

발톱과 마찬가지로 부리의 표면은 단백질 성분인 케라틴으로 되어 있다. 부리는 계속 자라지만, 안쪽은 위아래로 서로 깎이고 바깥쪽은 벗겨져 나가 항상 일정한 형태를 유지한다. 특히 앵무류는 꾸벅꾸벅 졸면서 이를 갈듯이 부리의 안쪽을 서로 문지른다. 또한 바깥쪽은 횃대나 새장에 문질러 벗겨낸다.

부리는 4개의 층을 이루고 있다(케라틴층, 진피, 기포층, 골성층, 131쪽 그림 참고). 진피에는 모세혈관이 있기 때문에 부리를 다치거나 끝이 잘리면 피가 난다. 뼈의 일부인 기포층은 거품 구조로 되어 있어 부리의 강도와 무게에 영향을 미친다.

앵무새의 부리 끝이 벗겨져 있는 것은 걱정할 필요가 없다.
정기적으로 벗겨지는 것이기 때문이다. 부리를 횃대 등에 문지르는
행동은 오물 제거뿐 아니라 표면 층을 벗겨내기 위함이다.
마찬가지로 아래 부리도 스스로 벗긴다. 부리가 튼튼하지 않으면
잘 벗겨지지 않아 두꺼워지거나 벗겨진 후에도 거칠거칠하다.

너무 길게 자란 부리는 원인을 찾아 관리한다

부리가 길게 자랐다면 케라틴 강도에 문제가 생겼을 수 있다. 너무 단단
해지기도 하지만 반대로 물러지기도 한다. 부리 이상의 원인은 간 기능 장
애, 고지혈증, 과산란으로 인한 단백질 부족, 필수아미노산 부족, 노화 등
이다.

또한 남미산 카이큐류, 코뉴어류, 금강앵무류 등 부리가 단단한 앵무새
들은 사육 환경에서 부리를 제대로 다듬을 수 없어 길게 자라게 된다. 혈
액검사를 통해 질병 여부를 점검한 다음, 별다른 이상이 없다면 사육자가
정기적으로 관리해주면 된다.

손톱, 발톱의 표면이 벗겨지듯
부리의 끝이 벗겨진 상태.
이것이 일반적인 모습.

부리 끝이 아닌 윗부분이 벗겨지는 모습.
부리를 횃대에 심하게 문질러
생긴 것으로 보인다.

새의 부리 구조

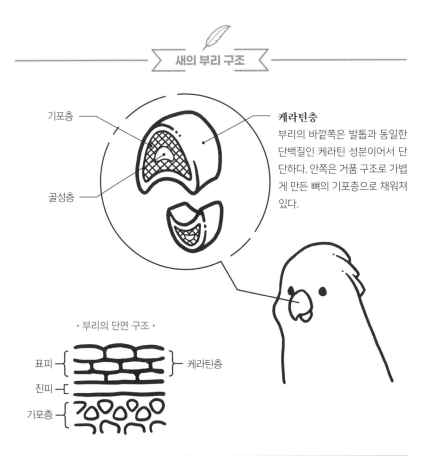

기포층

골성층

케라틴층
부리의 바깥쪽은 발톱과 동일한
단백질인 케라틴 성분이어서 단
단하다. 안쪽은 거품 구조로 가볍
게 만든 뼈의 기포층으로 채워져
있다.

· 부리의 단면 구조 ·

표피 ─ ┐
진피 ─ ┤ 케라틴층
기포층 ─ ┘

깃털은 어떻게 자랄까?

•

깃털은 혈액으로 만든다

새의 깃털은 '깃집'이란 빨대 모양의 깍지에 쌓여 자란다. 새롭게 나오는 신생 깃은 133쪽 그림1과 같이 처음에는 내부에 혈액이 있는 상태로 성장한다. 혈액에서 영양을 공급받으며 깃집에서 깃털이 형성되고 서서히 자라난다.

> 깃털갈이 시기의 머리 부위 깃집은 스스로 발로 긁거나 무언가에 문질러서 제거한다. 또한 무리의 동료가 깃털 고르기를 해주기도 한다. 나이가 들어 머리를 숙이지 못하거나 깃털 고르기를 해줄 상대가 없거나 깃집이 단단해져 잘 벗겨지지 않으면 머리 깃털이 삐죽삐죽 나오기 시작한다. 이때는 사육자가 손가락과 손톱으로 문질러 조금씩 제거해주자.

tweet

1

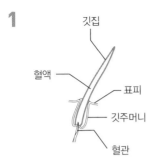

깃집

혈액

표피

깃주머니

혈관

깃털이 나기 시작한다. 피부 속 깃주머니에 혈액이 돌고 깃집이 생긴다.

2

깨진 깃집

깃축

열린 깃변

성장한 깃집 속에 깃축이 생긴다. 깃축 끝에는 깃변이 달려 있다. 깃변이 성장해 열리기 시작하면 역할을 마친 깃집은 깨져서 떨어져 나간다.

3

깃축 뿌리(羽柄)가 되는 곳

2가 좀 더 진행된 상태. 깃집 속의 혈액은 서서히 줄어든다. 깃축이 점점 가늘고 단단해져 깃축 뿌리가 된다.

4

깃축 뿌리

성장한 깃털. 깃털 만드는 역할을 끝낸 깃집은 완전히 사라지고 깃주머니와 혈관도 분리된다. 깃털이 빠져도 피가 나지 않는 이유다.

신생 깃이 성장하여 내부에서 깃털이 형성되면 끝부터 깃집이 깨지면서 깃변이 열린다(그림2). 깃털이 다 자라면 깃집의 역할은 끝난다. 깃털 고르기 등 외부의 힘이 가해지면 깨져서 떨어지게 된다. 따라서 깃털갈이 시기

깃털갈이 시기, 나이 든 새의 머리 부위.
깃집이 완전히 제거되지 못하면
하얗게 남아 눈에 띈다.

에는 깃집이 깨져서 흰 가루가 많이 생긴다(그림3).

나이 먹은 새의 깃털갈이는 사육자의 도움을

깃집은 스스로 깃털을 고르거나 발로 벗겨 제거해야 하는데 머리 꼭대기나 뒷부분은 제거가 쉽지 않다. 무언가에 문지르거나 동료의 도움을 받아야 한다. 다리의 장애로 머리를 긁지 못하거나 깃털 고르기를 해줄 무리가 없다면 머리 부위의 깃집을 제거하기 힘들다. 나이를 먹으면 깃집도 단단해져 잘 벗겨지지 않는다. 이럴 경우, 새가 싫어하지 않는다면 사육자가 손가락이나 손톱으로 가볍게 문질러 제거해주자.

네 종류의 깃털갈이

•

깃털갈이에는 4가지가 있다. 모든 깃털이 빠지는 완전 깃털갈이,
날개깃 · 날개덮깃 · 꽁지깃 이외의 깃털이 빠지는 부분 깃털갈이,
소모된 깃털만 빠지는 불규칙 깃털갈이, 어떤 원인으로 빠진 깃털이
새롭게 나는 보충 깃털갈이가 있다. 깃털갈이 시기가 뚜렷하지 않고
불규칙 깃털갈이가 계속되는 경우도 있다.

tweet

1 완전 깃털갈이

한 번의 깃털갈이로 온몸의 털이 빠진다. 단, 한 번
에 모든 깃털이 빠지는 것이 아니라 시간을 두고 부
분적으로 빠진다. 어떤 부분이 자라면 다음 부분이
빠지고 다시 나기를 반복하며 서서히 온몸의 털을
새롭게 바꾸는 것이다.

2 부분 깃털갈이

날개깃, 날개덮깃, 작은날개깃, 꽁지깃 이외의 깃털
이 빠지는 것을 말한다. 날개덮깃에는 날개 위쪽의
윗덮깃과 아래쪽의 아래덮깃이 있다. 윗덮깃은 다
시 첫째날개덮깃, 큰날개덮깃, 가운데날개덮깃, 작
은날개덮깃으로 나뉜다.

작은날개깃   날개덮깃

날개깃

날개덮깃   꽁지깃

3 불규칙 깃털갈이

소모되거나 손상 입은 깃털만 빠지는 것을 불규칙
깃털갈이라고 한다. 명확한 시기 구분 없이 불규칙
깃털갈이만 하는 경우도 있다.

4 보충 깃털갈이

새는 적에게 습격받아 갑자기 날아오를 때 깃털이 많이 빠진다. 이때는 낡은 깃이 아니라 참깃이 빠
지는데, 적의 눈을 속임과 동시에 잡혔을 때 쉽게 도망칠 수 있기 때문이다. 이것을 '공포성 깃털갈
이'라고 한다. 새가 패닉에 빠져 새장 속에서 폭주하면 깃털이 대량으로 빠지는 이유다. 이렇게 빠진
털이 새롭게 나는 것을 보충 깃털갈이라고 한다. 비둘기를 연구한 결과에서는 깃털갈이에 의해 빠
진 깃털은 2~3일 후, 다른 원인으로 빠진 경우는 8일 후에 다시 난다고 한다. 깃털의 평균 성장 기간
은 21~37일로 하루에 4~5㎜가 자라는 셈이다. 앵무새 깃털에 대한 연구는 없지만 성장 속도는 깃
주머니(깃털을 만드는 장소, 133쪽 참고)의 크기에 정비례하는 것으로 알려져 있다.

깃털갈이의 구조 1

●

깃털갈이를 인위적으로 조절할 수 없다

깃털갈이는 온도, 습도, 일조량, 영양 상태, 건강 상태, 발정, 스트레스, 연령 등 여러 요인에 영향을 받는다. 다만 무엇이 어떻게 영향을 주는지는 연구되지 않았다. 때문에 할 때가 되었는데 하지 않는다고 해서 인위적으로 깃털갈이를 시작하게 할 수 없다. 또한 지속적으로 불규칙 깃털갈이(136쪽 참고)를 한다고 해서 멈추게 할 수도 없다.

깃털갈이를 하지 않는 원인으로는 질병으로 인한 먹이 섭취량 저하, 간 질환, 갑상선 기능 저하, 연령 등이 있다. 노령인 경우는 어쩔 수 없지만 다른 경우에는 혈액검사로 진단할 수 있다. 깃털갈이가 지나치게 늦을 때는 진찰을 받는 것이 좋겠다.

너무 자주 깃털갈이를 하는 원인을 알아내는 것도 쉽지 않다. 그러나 1년 내내 일조량, 온도, 습도에 변화가 없는 환경에서 키우면 아주 작은 변화에도 민감하게 반응할 가능성이 있다. 특히 적도로부터 먼 곳에서 서식하는 종(사랑앵무, 왕관앵무, 모란앵무 등)은 온도 차이가 있는 환경, 계절에 따른 낮 길이에 신경 써야 한다. 건강 상태를 개선하거나 발정을 억제함으로써 깃털갈이를 멈추게 할 수도 있다.

깃털갈이를 안 한다고 억지로 하게 할 수 없고, 깃털갈이가 만성적으로 계속되어도 멈추게 할 방법이 없다. 깃털갈이에는 온도, 습도, 낮의 길이, 영양, 연령, 컨디션, 발정 등의 다양한 요인이 영향을 미치지만, 어떤 요인을 어떻게 했을 때 깃털갈이가 시작되고 멈추는지 아직까지는 정확히 알지 못한다.

tweet

깃털갈이의 구조 2

●

깃털갈이 시기에는 충분한 영양을

깃털의 성분은 단백질 성분인 케라틴이므로 깃털갈이을 할 때는 단백질이 많이 필요하다. 새의 깃털이나 부리, 발톱의 케라틴은 필수 아미노산인 글리신을 함유하고 있다.

좁쌀이나 피 등의 곡류로는 단백질을 충분히 공급하기 어려우므로, 알곡을 주식으로 하는 경우에는 건강보조식품을 병행하도록 하자. 깃털갈이 시기에는 넥톤 바이오Nekton Biotin를 추천한다. 펠렛을 주식으로 한다면 단백질이 많은 제품으로 바꿔주면 좋다.

깃털은 밤낮을 가리지 않고 성장한다. 낮 시간에는 먹이 속 단백질로 깃털의 영양을 보충하지만, 밤사이에 단백질이 부족하면 체내 근육을 파괴하여 깃털의 재료로 사용한다. 따라서 낮 동안의 먹이에 영양이 충분하지 않으면 몸무게가 감소하고 컨디션에 문제가 생길 수 있다. 뿐만 아니라 몸이 차면 소화관의 움직임이 약해져 토하는 경우도 있다. 특히 먹이 제한을

깃털갈이 시기에 추천하는 펠렛식. 왼쪽은 해리슨*Harrison*의 하이포텐시*High Potency*,
오른쪽은 라우디부쉬*Roudybush*의 브리더타입.

하는 경우에는 평소와 같은 양을 주어도 몸무게가 갑자기 줄 수 있으니 주의하자. 발이 차가운 경우에는 보온이 필요하다.

깃털갈이 시기에 깃털이 성장하는 속도는 낮과 밤이 동일하다.
밤에는 음식물을 섭취하지 않기 때문에 깃털 성분인 단백질이
부족하면 근육을 파괴해 재료로 활용한다. 때문에 깃털갈이 중에는
몸무게가 줄고 컨디션도 나빠지기 쉽다. 또 몸이 차면 구역질을
할 수 있으므로 깃털갈이 중에는 식사량과 온도에 주의하자.

파우더와 꼬리기름샘의 관계

●

유황앵무는 파우더, 사랑앵무는 꼬리기름샘으로 오염 방지

앵무새는 깃털 자체도 발수성을 갖고 있지만 그와 더불어 파우더와 꼬리기름샘의 분비물이 깃털의 오염과 물의 침입을 막고 쉽게 마모되지 않도록 하는 역할을 한다.

파우더는 가루 솜털깃(분면깃)의 끝이 분해되어 생기는 아주 작은 각질 가루다. 솜털깃은 일생 동안 깃털갈이를 하지 않는다(빠진 경우에만 다시 난다). 유황앵무류(코카투)는 파우더가 많기로 유명한 반면 꼬리기름샘은 작다. 따라서 꼬리기름샘 분비물을 이용하는 깃털 고르기를 자주 하지 않는다. 특히 아마존앵무와 블루헤드 피어니스는 꼬리기름샘이 거의 없고 파우더가 많이 생긴다.

반면 사랑앵무 등의 소형 앵무새, 문조, 금화조 등은 파우더가 적은 대신 꼬리기름샘의 크기가 크다(143쪽 사진 참고). 꼬리기름샘에서 나오는 분

가루 솜털깃

유황앵무류는 가루 솜털깃의 끝이 곱게 부서져
파우더가 되고 이것이 주변에 떨어진다.

비물을 부리나 머리에 묻혀 온몸의 깃털을 손질한다.

소형 앵무새나 문조의 꼬리기름샘이 부풀어 있거나 유황앵무의 파우더
가 줄었다면 질병의 가능성이 있다. 또한 유황앵무가 깃털 고르기를 자주
한다면 스트레스로 인한 자기 자극 행동이 아닌지 의심해야 한다.

파우더와 꼬리기름샘의 분비물은 깃털의 오염을 막고 발수를 돕는다.
사랑앵무 등 소형 앵무새는 파우더가 적으면서 꼬리기름샘이 크고,
유황앵무류는 파우더가 많은 반면 꼬리기름샘이 작다.
이 때문에 사랑앵무는 주로 꼬리기름샘 분비물을, 유황앵무는
파우더를 이용해 깃털을 유지하며 진화한 것으로 추정된다.

tweet

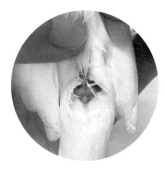

문조의 꼬리기름샘

크게 발달해 있다. 겉에서 보아도 확실히 눈에 띄기 때문에
병으로 오인하는 경우가 있는데 이것이 정상이다.

사랑앵무의 꼬리기름샘

문조만큼 눈에 띄지는 않지만
피부 밑에 큰 샘이 자리 잡고 있다.

흰유황앵무의 꼬리기름샘

흔적이 있기는 하지만 눈에 잘 띄지 않는다.

발정기 냄새의 비밀

●

암컷은 냄새로 암수를 판단

암컷 사랑앵무는 발정기가 되면 독특한 냄새를 풍긴다. 냄새의 정체는 꼬리기름샘에서 분비되는 세 종류의 알카놀(옥타데칸올, 노나데칸올, 에이코산올)이다. 사랑앵무는 꼬리기름샘에 머리를 대고 문지르므로 머리 부위에서 강한 냄새가 난다. 암컷에 비해 4배의 알카놀을 분비하는 수컷의 냄새가

약한 이유는 세 종류의 알카놀 배합 비율이 다르기 때문이다. 암컷은 이 차이로 암수를 구분한다.

사랑앵무 외에도 십자매, 금화조, 떼까마귀 등 많은 조류에서 암수 냄새가 다르다고 알려져 있다.

암컷 사랑앵무는 발정하면 독특한 냄새를 풍기는데 꼬리기름샘에서
분비되는 세 종류의 알카놀*Alkanol* 성분 때문이다.
꼬리기름샘에 머리를 문지르므로 보통 머리 부위에서 냄새가 난다.
수컷은 암컷의 4배 분량의 알카놀을 분비하지만 배합이 달라 암컷처럼
냄새가 나지 않는다. 암컷 앵무새는 냄새로 암수를 구별한다.

앵무새의 뇌는
절반만 잔다

•

사람은 불가능한 '단일반구 수면'

대뇌의 좌우가 한쪽씩 교대로 자는 현상을 '단일반구 수면'이라 한다. 새의 뇌파를 측정하면 절반은 각성했을 때의 뇌파이고 다른 절반은 수면 뇌파다. 이 둘이 동시에 나타난다.

> 새의 수면 패턴은 특이하다. 대부분의 조류는
> 단일반구 수면unihemispheric sleep을 한다. 뇌의 절반은 자고,
> 나머지 절반은 주변을 경계하기 위해 깨어 있는 것이다.
> 코뉴어를 연구한 결과, 하루의 57%는 수면 상태로,
> 깨어 있는 것처럼 보여도 뇌의 절반은 자고 있다고 한다.
> 왜 이렇게 긴 수면이 필요한지 의문시되고 있다.

　야생 환경에서 새는 수면 중에도 포식자의 습격을 받을 수 있어 진화한 기능으로 볼 수 있다. 앵무새는 깊이 잠든 것처럼 보여도 작은 소리나 기척에 잠을 깬다. 또한 깨어 있는 것처럼 보여도 단일반구 수면 중에는 한쪽 눈만 뜨고 있는 경우도 있다.

　단, 코뉴어는 지속적으로 단일반구 수면 상태에 있지 않으며 하루의 43%는 좌우 뇌가 모두 각성한 상태로 생활한다. 아주 짧은 시간이지만 사람과 마찬가지로 전체 수면 상태에 들기도 한다. 단일반구 수면이 가능한 앵무새에게 수면 부족은 생기기 어렵지만, 밤은 휴식할 수 있는 중요한 시간이다. 밤샘은 좋지 않다.

몸의 구조
14

앵무새의 소화 시스템

•

새에게는 단순한 변비가 없다

앵무류와 핀치류는 맹장이 퇴화해 포유류와 같은 긴 대장이 없다. 비행에 특화된 가벼운 몸으로 진화했기 때문이다. 음식물을 섭취한 뒤에는 몸이 무거워지지 않도록 빠르게 영양을 흡수하고 배설한다.

앵무새의 소화 시스템은 소화관 안의 음식 양에 따라 달라진다. 모이주머니가 늘 가득 차 있을 만큼 먹이를 자주 섭취하면 배설 속도가 빨라진다. 섭취량이 적은 경우에는 식후에 바로 배설하지 않고 소화관 안의 통과 속도가 느려진다. 완전한 공복 상태가 되면 에너지 공급원을 잃어버리기 때문이다.

또한 다른 동물에 비해 소화관의 통과 시간이 짧아 변이 거의 굳지 않는다. 새에게는 사람에게 흔한 변비가 없다. 따라서 배변을 하지 않는다면 위급 상황이다.

돌발적 배변 장애의 대표적인 예가 사랑앵무의 '기장 막힘'이다. 기장이 사랑앵무를 포함한 앵무류, 핀치류는 맹장이 없고 대장도 거의 없다. 포유류에 비해 소화관이 매우 짧고 음식물의 통과 속도도 빠르다. 그러니 사람처럼 변비에 걸리지도 않는다. 앵무새의 배변 장애란 장폐색이나 위종양, 복막염, 배변 신경 · 근 장애, 알막힘이나 종양 등 물리적 압박에 인해 발생한다.

음식물의 소화관 통과 시간은 음식물의 특성, 식성, 소화관의 해부학적 특징, 몸의 크기에 따라 다르지만 곡물을 먹는 새는 40~100분, 과일을 먹는 새는 15~60분, 꿀을 먹는 새는 30~50분 걸린다. 그러나 사랑앵무는 모이주머니에서 음식물이 완전히 배출되는 데 최대 11.75시간이 걸린다.

tweet

으깨지기 전에 위를 통과하면 기장의 알갱이가 커서 회장을 막게 된다. 기장 막힘이 의심된다면 완하제와 소화관 연동 촉진제를 이용해 배설을 유도한다. 한 번 발생하면 쉽게 재발하므로 기장을 뺀 시드 믹스나 펠렛으로 바꾸도록 하자.

한편 전신 감염이나 복막염 등으로 장의 연동이 멈추어 배변이 멈추기도 한다.

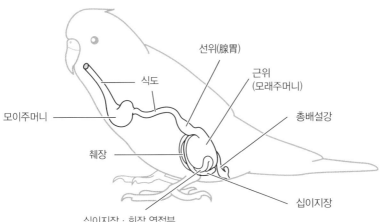

선위(腺胃)

근위
(모래주머니)

식도

모이주머니

총배설강

췌장

십이지장

십이지장 · 회장 연접부
(이곳의 너비가 기장과 거의 같아 막힘이 자주 발생한다)

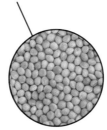

기장
지질이 적어 건강에 좋은 알곡이지만
알갱이가 크다. 한 번 막힘을 겪었다면
가능한 한 주지 않는 것이 좋다.

150

몸의 구조

15

앵무새의 모이주머니는 튼튼하다

•

식도와 모이주머니는 특별한 점막을 갖고 있다

새는 음식을 씹지 않기 때문에, 통째로 삼킬 수 있는 크기의 먹이는 그대로 모이주머니까지 도달한다. 때문에 앵무류, 핀치류의 식도에서 모이주머니로 이어지는 점막은 거친 물체가 지나가도 점막에 상처가 나지 않도록 단단한 조직(각질 중층편평상피)으로 이루어져 있다.

이 조직은 여러 층의 얇은 세포로 이루어진 상피이고, 상피 표면에는 죽은 세포가 단단하게 굳은 각질층이 있다. 말이 조금 어렵지만 '중층편평상피stratified squamous epithelium'란 인간의 입안이나 목구멍 등의 점막과 동일한 조직이다. 여기에 각질이 만들어지고 단단하게 굳는 것을 상상해 보자. 완전히 같지는 않지만 사람의 발바닥 표피가 이와 유사하다고 할 수 있다. 모이주머니의 표면이 얼마나 튼튼한지 조금은 이해가 갈 것이다.

하지만 발바닥처럼 겉으로 드러난 부위가 아니고 어디까지나 내장의

151

앵무새는 음식물을 씹어서 삼키는 것이 아니다. 모이주머니는 음식물이 통과하며 생기는 손상을 막기 위해 두꺼운 상피를 갖고 있어 쉽게 염증을 일으키지 않는다. 특히 모이주머니에 염증이 생기는 세균성 소낭염은 드문 병이다. 만약 소낭염을 진단받고 항생제를 처방받았다면, 진단이 잘못되지 않았는지 의심해봐야 한다.

tweet

일부이기 때문에 세균이나 진균 등의 감염과 마찰, 자극에 강한 특징이 있다.

모이주머니는 감염에 강하다

모이주머니의 각질층은 계속 떨어져 나가며 새로운 층을 만들어낸다. 항상 새로운 조직이 만들어지므로 병원체가 깊이 침투하지 못한다. 세균이 식도염이나 소낭염, 구토의 원인이 되는 경우도 매우 드물다.

가령 소낭액 검사(173쪽 참고)에서 세균이나 칸디다가 검출되더라도, 반드시 감염되었다는 것은 아니다. 또한 모이주머니 안에는 늘 정상적인 균이 존재하므로 검사에서 균이 나오는 것은 흔한 일이다.

　새가 소낭염에 걸리는 첫 번째 원인은 기생충 트리코모나스(196쪽 참고)
다. 트리코모나스염은 사랑앵무와 문조에게 흔한데 이따금 왕관앵무에게
도 나타난다.

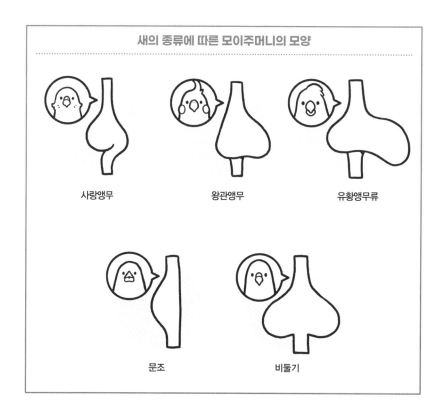

새의 종류에 따른 모이주머니의 모양

사랑앵무　　　　왕관앵무　　　　유황앵무류

문조　　　　비둘기

알은
어떻게 만들어지나?

•

노른자에 흰자가 붙고, 마지막으로 알껍데기 형성

수정이 되면 암컷 난소의 난포 안에서 난황(노른자)이 배란되어 난관채로 들어간다. 난관채는 난자를 받아들이는 역할을 하므로 나팔처럼 열려 있는 형태다.

이어 난황은 난관의 연동작용에 의해 난관의 팽대부로 이동한다. 이때 난황 주변에 난백(흰자)이 붙는다. 그리고 난관 협부에서 난각막(알껍데기 안쪽에 붙어 있는 얇은 막)이 형성된다. 마지막으로 자궁부에 도달하면 난각(알껍데기)이 만들어져 산란하게 된다.

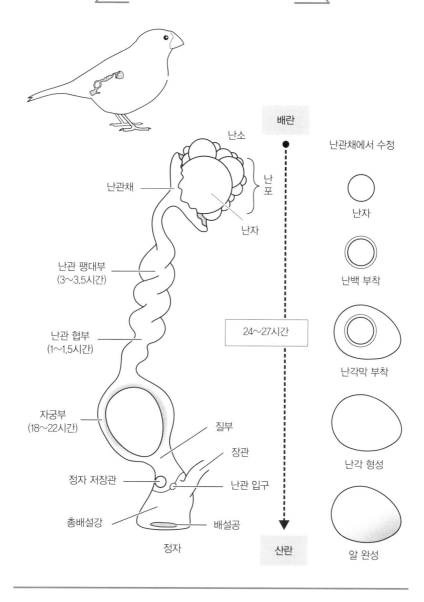

배란

난소

난관채

난포

난자

난관 팽대부
(3~3.5시간)

난관 협부
(1~1.5시간)

24~27시간

자궁부
(18~22시간)

질부

장관

정자 저장관

난관 입구

총배설강

배설공

정자

산란

난관채에서 수정

난자

난백 부착

난각막 부착

난각 형성

알 완성

155

알은 약 하루 만에 만들어진다

새의 종류에 따라 다르지만 여기까지의 과정은 보통 24~27시간 정도가 걸린다. 배가 불러 있다면 하루 안에 낳을 가능성이 있다는 의미다. 특히 배에서 알 같은 것이 만져졌는데 하루가 지나도 낳지 않는다면 알막힘의 가능성이 크다. 알막힘은 서둘러 치료를 받아야 한다(218쪽 참고).

배란에서 산란까지는 24시간 정도가 걸린다. 결코 여러 날이 걸리지 않는다. 만약 배에서 알이 만져졌는데 하루가 지나도 나오지 않는다면 알막힘을 의심해야 한다. 알이 막혔을 경우 서둘러 대처하지 않으면 압박으로 나올 수 없게 되어 수술이 필요할 수도 있다. 상태를 지켜보라고 설명하는 병원도 있으니 주의하자.

tweet

두 가지 산란 방식

•

확정산란 vs. 불확정산란

확정산란確定産卵이란 한 번의 발정으로 발달한 난포(노른자가 생기는 주머니, 155쪽 참고)의 수가 정해져 있어 그만큼만 산란한다는 의미다.

불확정산란은 난포 수에 상관없이, *한배 산란수의 산란을 마쳤다고 새가 인식해야 난포의 발달이 멈추는 구조다. 즉 새가 산란이 완료되었다고 인식해야 산란이 멈춘다.

*한배 산란수 1회 번식에서 낳는 알의 수. 새의 종에 따라 다르지만 일반적으로는 4~7개다.

산란 방식은 새의 종류에 따라 다르며 어떤 새가 어디에 해당되는지는 자세하게 밝혀지지 않았다. 상세한 조류별 산란 방식은 159쪽의 표를 참고하자.

보통 앵무류는 짧게는 하루 걸러 산란한다. 하지만 사육 환경의 새는 야생에서의 정상적인 단계(①둥지 만들기 → ②둥지에 머물기 → ③산란)를 밟지 않는다. 즉 둥지를 만들지 않는 경우가 많으므로 규칙적으로 산란하지 않는 경우가 흔하다.

포란 경험은 발정을 촉진한다

확정산란이든 불확정산란이든, 배란이 되지 않은 난포는 몸으로 흡수된다. 산란 도중에 발정을 억제함으로써 산란을 멈추는 경우도 있다.

그렇다면 불확정산란을 하는 새는 자신이 한배 산란수만큼 알을 낳았는

앵무류는 하루 걸러서, 핀치류는 매일 산란하지만 시간 간격을 두는 경우도 있다. 특히 둥지를 만들고 둥지에 머무는 단계를 밟지 않을 경우에는 불규칙한 산란을 하기 쉽다. 또한 확정산란을 하는 새라도 반드시 한 배에 몇 개의 알을 낳는다는 원칙은 없으므로 걱정할 필요는 없다. 다만 '알막힘'만은 그냥 지나쳐서는 안 된다.

tweet

지 안 낳았는지 어떻게 알까? 눈으로 확인하는 것이 아니라, 품속에 있는 알의 감각으로 판단할 것이라 추정한다. 때문에 가짜 알을 주어 품게 하면 산란을 빠르게 멈출 수 있다. 그러나 발정이 억제되면 동시에 *포란 반응이 생긴다. 가짜 알을 품은 경험은 어미 새에게 그곳이 안전한 환경이란 인식을 주어 포란 후에 다시 발정할 수 있다.

발정이 심할 때는 가짜 알을 이용한 포란 반응으로 억제할 것이 아니라 호르몬제를 이용하는 방법을 생각해봐야 한다.

새의 종별 산란 방식

· 확정산란 ·	· 불확정산란 ·
벚꽃모란앵무(*)	사랑앵무
노란목 모란앵무(*)	(일부 확정산란이라는 연구 결과도 있음)
붉은 모란앵무(*)	왕관앵무
카나리아	메추라기
비둘기	닭
문조	집오리
(같은 목의 집참새가 확정산란을 하기 때문)	

*표시는 불분명. 정확한 종별 산란 방식은 아직 밝혀지지 않았다.

---

*포란 반응 알을 보면 바로 품는 새의 본능. 이 외에도 새끼가 소리를 내면 돌보고, 새끼의 입에 먹이를 넣어주고, 수컷이 다가오면 짝짓기 수용 자세를 취하는 것도 본능에 따른 반응이다.

작은 새일수록 혈압이 높다!

—

새가 안정을 취할 때 최고혈압은 90~250mmHg로 작은 새일수록 혈압이 높다. 따라서 소형 새일수록 심장병이 많이 발생한다. 사람과 마찬가지로 노화로 인해 혈관의 탄력성이 떨어지면 혈압 상승으로 이어져 심장병이 발병하는 것이다. 특히 문조는 노령성 심장병에 취약하다. 심장병 예방에는 혈관 나이를 젊게 유지하는 것이 중요하다.

혈관 나이를 젊게 유지하려면 활성산소를 억제해야 한다. 이를 위한 대책으로는 균형 잡힌 먹이 급여, 적절한 운동, 스트레스가 적은 생활, 암컷의 발정 억제 등이 있다.

오래 사는 비결은 위장에 있다

—

새의 위는 선위(전위)와 근위(모래주머니)로 나뉜다. 선위는 소화효소와 위산을 분비한다. 이빨이 없는 새는 음식물을 근위에서 으깬다. 오래 사는 비결은 근위에 과잉 부담을 주지 않는 것이다. 아무래도 알곡을 너무 많이 먹으면 근위에 부담이 되므로 펠렛을 추천한다.

얼굴을 보고 상대의 감정을 읽는다

—

사랑앵무는 얼굴로 무리를 구분한다고 알려져 있다. 얼굴의 색과 모양, 홍채의 색, 동공의 크기를 구별하는 것이다. 이런 특성으로 볼 때 사랑앵무는 인간도 얼굴로 식별할 가능성이 크다. 또한 얼굴의 색과 눈을 본다는 것은 이를 통해 상대의 컨디션과 감정을 읽는다고 생각할 수 있다.

암컷의 납막은 자연스럽게 벗겨진다

사랑앵무 암컷의 납막은 에스트로겐으로 인해 각화하여 솟아오르고 갈색으로 변한다. 보통은 발정이 멈추면 납막이 벗겨지지만 체질에 따라 안 벗겨지는 경우도 있다. 이때는 점점 솟아올라 콧구멍을 막을 수 있으므로 벗겨주어야 한다. 새를 안전하게 잡기 어려우면 병원을 찾아 도움을 받자.

눈꼬리가 깊으면 눈곱이 끼기 쉽다

왕관앵무 중에는 눈꺼풀 틈새가 큰 개체가 있다. 흰자위보다 눈꼬리가 깊으면 결막이 노출되어 건조해지고 자극이 심해 눈물을 흘리게 되므로 눈꼬리에 눈곱이 쌓인다. 눈물로 주변의 깃털이 꼬여 들어가면 증상은 더 심해진다. 이 경우에는 깃털을 다듬어주고 눈곱이 끼면 바로 제거해주자.

깃털갈이 시기의 하품

•

사랑앵무는 목이 따끔거릴 때 하품을 한다. 기분이 좋지 않아
보이긴 하지만 구토는 하지 않는다. 목이 따끔거리는 원인은
대부분 깃털갈이 중에 날리는 희고 검은 가루(133쪽 참고)가 목에
달라붙기 때문이다. 하품을 오래 지속할 경우에는
물을 마시게 하면 쉽게 가라앉는다.

tweet

Chapter

04

앵무새의 질병과 병원

새를 키우는 사람들이 병원과 질병에 관해 올바른 지식을
갖고 있어야 반려조가 누리는 삶의 질(QOL)이 향상된다.

좋은 병원을 찾는 방법

•

내게 좋은 병원 리스트를 요청하는 분들이 많은데
그런 부탁은 들어드릴 수가 없다. 병원이나 수의사에 대해 알고
있더라도 실제 진료 방침이나 기술, 설비, 진료하는 모습을 알 수 없기
때문이다. 그래서 객관적으로 좋은 병원의 조건에 대해 말씀드린다.

1. 질병의 원인, 현재 상태, 치료 방침, 경과를 설명해 준다.
2. 충분한 검사 설비를 갖추고 적극적으로 검사하며
그 결과를 설명해 준다.
3. 보정(새 잡기), 소낭액 채취, 채혈을 안전하게 한다.

최소한 이 세 가지가 충족되어야 좋은 병원이다.

tweet

새를 진료하는 병원은 그 수가 매우 적다. 만일 방문 가능한 범위에 새를 진료하는 병원이 있다고 해도 반드시 사육자에게 좋은 병원이라고 할 수 없다. 병원과 사육자에게도 상성이 있다고 생각한다. 또한 새를 진찰할 수 있다고 해도 모든 병원이 동일한 의료 수준을 갖추지는 못한다. 진료 방침이나 수준, 어떤 설비가 있는지를 알면 병원 선택에 도움이 되겠지만 사육자가 알 수 있도록 정보를 공개하는 경우는 많지 않다. 좋은 병원인지 아닌지를 판단하는 세 가지 포인트가 있다.

병원을 판단하는 세 가지 포인트

1 자세하게 설명하는가?

새를 진료하는 병원은 많지 않기 때문에 늘 북적이기 쉽다. 그래서인지 병원에 따라서는 시간에 쫓겨 설명을 거의 생략하는 곳도 있다. 병에 관해서는 의사만 알면 된다는 인식으로, 검사 결과에 대한 설명도 없고 약의 종류조차 가르쳐주지 않는 것이다. 다음 항목에 관한 설명을 정확하게 해 주는지 또는 사육자가 물었을 때 대답을 상세히 해 주는지의 여부가 좋은 병원을 판단하는 포인트다.

수의사가 사육자에게 해야 할 설명

- ☑ 질병의 원인이 무엇인가? 또는 어떤 가능성이 있는가?
- ☑ 현재 어떤 상태인가?
- ☑ 검사 결과에 따른 진단 혹은 의심되는 질병은 무엇인가?
- ☑ 치료 방침은 무엇인가?
- ☑ 치료는 어떤 경과를 보일 것인가?

165

질병의 진단에는 엑스레이 및 초음파를 이용한 영상 진단을 가장 많이 사용한다. 좋은 장치일수록 고가이기 때문에 그 질을 보면 검사 정밀도를 중시하는 병원인지 아닌지 알 수 있다. 현재 엑스레이 장치는 디지털이 주류다. 아래 제시한 상황이라면 진단에 큰 노력을 기울이지 않는 병원이라 볼 수 있다. 검사 영상을 보여 주는지, 그것에 대한 정확한 설명을 해 주는지도 판단의 포인트다.

병원으로서 그다지 좋지 않은 예

- ☑ 디지털 촬영이 아닌 엑스레이 필름으로 진단한다.
- ☑ 디지털 엑스레이라도 선명하지 않은 영상으로 진단한다.
- ☑ 병원에 초음파 영상 진단 장치가 없거나 너무 오래된 기계를 사용한다.
- ☑ 검사한 영상을 사육자에게 보여주지 않는다.
- ☑ 검사 영상에 대한 설명이 없다.

요코하마 버드 클리닉의 방침

필자가 운영하는 요코하마 버드 클리닉의 방침은 근거기반의료EBM, evidence-based medicine다. 과학적 근거를 토대로 의료인의 경험과 사육자의 가치관을 종합해 보다 나은 의료 행위를 목표로 한다. 과학적 근거란 주로 학술지에 발표된 논문을 가리킨다. 반려조에 관해서 많은 논문이 발표되었으니 이를 바탕으로 진료한다.

또한 임상은 경험에 기초한다고 해도 과언이 아니다. 새를 진료하려면 새의 종류에 따른 질병, 암수별 질병, 연령별 질병에 대한 지식을 가져야 한다. 적절한 보정, 소낭액 채취, 채혈, 영상 진단 등의 기술도 필수적이다. 이는 얼마나 많은 사례를 경험했는가에 따라 다르다. 단순히 많이 경험했다고 좋은 것이 아니라 얼마나 적절하게 경험했는지가 중요하다. 우리 병원에는 여러 명의 수의사가 있지만 편향된 진료가 이루어지지 않도록 항상 수의사 사이에서 사례 검토가 이루어진다.

마지막으로 결코 잊지 말아야 할 항목이 사육자의 가치관을 존중하는 것이다. 진료 방침이 사육자의 뜻에 맞는지 항상 확인해야 한다. 새의 증상을 설명하고, 치료 방침을 제시하고, 사육자가 납득할 수 있는 치료를 해나가는 것이 무엇보다 중요하다.

3 보정, 채취, 채혈을 안전하게 하는가?

수의사 실력에 차이를 보이는 부분은 보정(동물을 치료할 때 움직이지 못하도록 붙잡는 것-역주), 소낭액 채취, 채혈이다. 새를 움직이지 않게 잘 잡는지는 사육자의 눈으로 보아도 판단이 가능하다. 새가 난폭하게 굴거나 수의사의 손이 상처투성이라면 새를 잡는 요령이 없을지도 모른다.

소낭액 채취와 채혈은 정확히만 하면 위험한 진료가 아니다. 그러므로 이것을 위험하다고 설명하는 수의사는 경험이 적다고 볼 수 있다. 채혈이 어려운 수의사라면 웬만하면 혈액검사를 하지 않으려 할 것이다. 서둘러야 할 증상인데도 "몸무게가 조금 준 것 뿐이니까, 깃털갈이가 시작되었으니까" 등의 이유를 대고 검사를 뒤로 미룬다. 이런 말을 할 경우에는 병원을 옮기거나 세컨드 오피니언(176쪽 참고)을 검토하자.

입원을 해야 할 때

•

사육자가 입원을 납득해야 한다

　치료를 할 때 대부분 통원을 한다. 그러나 식욕이 전혀 없는 경우, 호흡 곤란이나 구토가 심한 경우, 중독이나 경련 발작, 외상, 하혈, 알막힘 등이 있을 때는 입원이 필요하다.

　새들은 대사량이 많아서 먹이를 먹지 않으면 곧 바로 몸무게가 준다. 입원을 하면 인간의 수액에 해당하는 피하 주사와 수의사에 의한 강제 급여가 이루어진다. 탈수나 구토를 억제하고 열량을 보충해 치유 효과를 높일 수 있다. 또한 호흡 상태가 안 좋은 경우에는 산소실에 들어가 치료받을 수 있다.

　반면 입원 치료의 단점은 낯선 환경에서 받는 스트레스다. 스트레스의 정도는 증상과 개체에 따라 다르지만 입원이 길어지면 우울 상태에 빠지는 새도 있다. 상태가 갑자기 나빠질 경우 사육자가 손을 쓸 수 없다는 점도 고려해야 한다. 이럴 경우 마지막까지 돌봐주지 못한 것이 후회로 남을 병원에서 입원을 권하는 경우는 식욕이 없거나 통원으로는 회복이 어려울 때다. 하지만 상태에 따라서는 입원 중에 무지개 다리를 건널 위험도 있다. 사육자는 치료해주고 싶은 마음과 만일을 대비해 끝까지 곁에 있어 주고 싶은 마음 사이에서 번민하게 된다. 상태를 잘 보고 후회가 없도록 주치의와 가족이 상담해 치료 방침을 정하자.

tweet

수 있다. 회복될 가능성이 적거나 상황이 급변할 가능성이 높을 때는 주치의와 상담해 방침을 정하자.

건강검진이 중요한 이유

●

간이 검진으로 몸 상태를 체크

새의 건강검진은 신체검사, 소낭액검사, 분변검사가 기본이다. 신체검사에서는 시진, 촉진을 통해 신체 부위별로 점검한다(172쪽 참고). 소낭액, 분변검사는 세균총(50쪽 참고)의 불균형, 진균, 기생충, 염증성 세포의 유무를 현미경으로 관찰한다.

그러나 이들 검사만으로는 반드시 건강하다고 단정할 수 없다. 건강하게 보여도 장기의 기능이 약해져 있을 수 있다. 새의 숨겨진 질병을 조기에 발견하려면 엑스레이 검사와 혈액검사, 유전자검사가 필요하다.

종합 검진으로 질병을 조기에 발견

엑스레이 검사에서는 주로 골격과 내장의 상태를 확인한다. 암컷은 뼈의 상태로 발정의 유무를 확인할 수 있다. 또한 복강 내 지방의 양과 결석, 동맥경화, 종양도 조기 발견이 가능하다.

혈액검사를 통해서는 주로 간과 신장 기능, 당뇨병, 지질 이상증을 조기 발견할 수 있고, 암컷의 발정이 몸에 미치는 영향도 조사할 수 있다.

유전자검사는 감염 질환의 유무를 조사하기 위함이다. 그중에서도 조류 클라미디아증(일명 앵무병)은 인간과 동물의 공통 감염 질환이기 때문에 1년에 한 번은 유전자검사를 받는 것이 바람직하다.

간이 건강검진 항목은 신체검사, 소낭액 검사, 분변 검사인데 이로부터 얻는 정보가 꽤 많다. 한편 1세 이상 새의 질병 조기 발견과 적절한 식사와 생활을 하고 있는지를 진단하기 위해서는 인간의 건강검진과 같은 종합 건강검진이 필요하다. 건강검진은 1년에 2~3회, 그중 1회는 종합검진을 추천한다.

tweet

눈 점검

검이경*otoscope*이나 돋보기를 이용해 눈에 이상이 없는지 시진한다.

구강 점검

검이경을 이용해 구강 내 이상이 없는지 시진한다.

근육량 점검 외

체형, 체격, 흉근의 근육량(보디 컨디션)을 촉진으로 확인한다. 이 외에도 피하지방의 유무, 부리, 발톱, 깃털, 깃털뽑기 · 물기 유무, 꼬리 기름샘을 점검한다.

심장소리 점검

청진기를 이용해 심장 소리와 호흡 소리를 확인한다.

분변검사

육안으로 분변, 요산, 수분뇨를 체크한다. 분변을 현미경으로 관찰하여 세균총(50쪽 참고)부터 진균, 기생충, 염증성 세포의 유무, 전분이나 지방의 소화 상태를 확인한다.

소낭액 검사

소낭액을 채취하여 현미경으로 관찰한다. 세균총 체크, 진균, 트리코모나스, 염증성 세포의 유무를 체크한다.

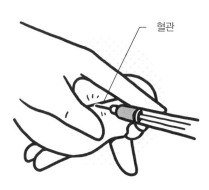

혈관

혈액검사

채혈하여 생화학 검사 및 혈구를 계산한다. 주로 간과 신장 기능, 혈당치, 지질을 체크한다.

엑스레이 검사

주로 골격과 내장의 상태를 확인한다. 골격 이상, 골수골의 유무, 심장, 폐, 공기주머니(기낭), 갑상선, 위, 간, 신장, 생식기의 상태를 체크한다.

173

통원할 때 캐리어에
물을 넣지 않는다

●

물이 넘치면 분뇨 검사에 영향을 준다

병원으로 이동할 때 물을 넣어주지 않으면 새가 목마르거나 탈수를 일으키지 않을까 걱정하는 사육자가 많다. 하지만 통원 중 캐리어에 물을 넣어주면 넘친 물로 바닥이 젖어 변과 수분뇨의 평가나 검사를 할 수 없다. 배설물의 평가와 검사는 진단에 매우 중요하므로 물과 섞이지 않게 주의하자.

넘친 물에 발이 젖으면 새의 체온을 빼앗아 몸이 차가워질 수 있다. 또한 깃털에 묻으면 보온성이 떨어지고 이 역시도 체온을 떨어뜨리게 된다. 컨디션이 좋지 않은 새에게 체온 저하는 상태를 악화시키는 요인이다. 이런 경우 물 대신에 푸른잎 채소나 과일을 넣어주어 수분을 보충할 수 있게 하는 방법을 추천한다. 물을 충분히 적신 키친타올을 물 그릇에 넣어두는 것도 좋은 방법이다.

하지만 통원 시간이 매우 길거나 질병으로 인해 물을 많이 마시는 경우는, 새가 달아나지 않을 장소에서 일시적으로 물을 넣어주어 마시게 한다. 단, 날아갈 위험은 항상 주의해야 한다.

통원할 때 물은 넣지 말자. 넘친 물로 변이 젖으면
진단이 어려워진다. 또한 물이 발이나 깃털에 묻어 몸이 차가워지는
경우도 종종 발생한다. 통원할 때는 긴장하기 때문에
물을 마시지 않는 새가 많다. 통원에 시간이 걸려 걱정이라면
도중에 잠깐 물을 넣어주어 마시게 하는 것이 좋다.

tweet

세컨드 오피니언

•

세컨드 오피니언이란?

　세컨드 오피니언이란 사육자가 주치의가 아닌 다른 수의사에게 질병의 견해를 묻는 것이다. 최근, 새와 관련된 의료가 눈부시게 발전하여 많은 연구 결과가 보고되고 있다. 그러나 모든 병원에서 동일한 수준의 의료가 보장되는 것은 아니다. 사실 병원에 따라 정보 수용이나 의료 기술, 설비, 경험 등에 큰 차이가 있으므로, 다른 수의사의 의견을 듣고 치료 방법을 선택하는 것은 효율적이고 합리적인 방법이다. 더없이 소중한 반려조의 문제이기 때문이다.

세컨드 오피니언의 장점

　세컨드 오피니언의 최대 장점은 사육자가 치료에 대해 납득할 수 있다는 점이다. 예컨대 주치의로부터 치료법 A를 제안받았을 경우, 다른 수의사에게 세컨드 오피니언을 구했더니 마찬가지로 치료법 A를 제시했다. 그러면 사육자는 'A가 좋겠다'라고 마음 편히 받아들일 수 있다. 경우에 따라서는 다른 치료법을 찾아 선택의 폭을 넓힐 수 있다. 뿐만 아니라 지금까지 할 수 없었던 새로운 검사나 수술을 받을 수도 있다.

세컨드 오피니언을 구하기 전에

세컨드 오피니언을 구하기 전에 사육자 자신이 주치의의 견해(퍼스트 오피니언)를 정확히 이해하고 있는지 점검하자. 직감이나 인터넷에 떠도는 정

병원에서 납득할 만한 답을 듣지 못했다면 세컨드 오피니언을 주저하지 말자. 양심적인 수의사라면 보다 전문성이 높은 병원을 소개해 주겠지만, 모든 것을 수의사에게 맡기면 아무 말도 해주지 않는 경우도 있다. 세컨드 오피니언을 구할 때 다니던 병원에서 검사 결과와 치료 이력을 받아 가면 최선이지만 그렇지 않더라도 문제는 없다.

보를 혼자서 판단해 '주치의의 방침을 이해할 수 없다'라고 생각해서는 안 된다. 주치의의 설명에 이해되지 않는 부분이 있다면 먼저 정확하게 질문을 해서 견해를 이해하자. 퍼스트 오피니언을 이해한 뒤에 세컨드 오피니언을 구하지 않으면 사육자가 혼란에 빠질 수 있다.

또한 질병 자체가 치료 반응이 나올 때까지 시간이 걸림에도 불구하고 바로 낫지 않는 것이 주치의의 잘못이라고 의심하는 사람도 있다. 이때도 진료 방법을 정확히 이해하고 있다면 문제가 생기지 않을 것이다.

다만, 유감스럽게도 질문을 해도 충분히 설명하거나 진지하게 대응하지 않는 수의사가 존재한다. 그렇다면 세컨드 오피니언 이전에 계속 통원할 것인지부터 고려할 필요가 있다.

세컨드 오피니언을 얻는 방법

사육자가 이미 마음속으로 정한 병원이 있을 때는 주치의에게 그 이름을 밝히고 세컨드 오피니언을 구하고 싶은 자신의 생각을 전달한다. 세컨드 오피니언을 구할 병원을 찾지 못한 경우에는 주치의와 상담해 소개받을 수도 있다. 그 후 주치의에게 소개장과 진료 정보를 의뢰한다. 이미 엑스레이 검사나 초음파검사를 받았다면 영상 데이터를 받도록 한다. 단, 여기까지의 절차에서 비용이 발생할 수도 있다.

소개장과 진료 정보를 갖고 세컨드 오피니언 병원을 방문해 진찰을 받는다. 수의사의 견해를 잘 듣고 원래 병원에서 진료를 받을지, 세컨드 오피니언을 구한 병원으로 옮길지 선택한다.

　만에 하나 소개장이나 진료 정보를 받지 못했거나 주치의에게 비밀로 하고 싶다면, 이런 자신의 생각을 새로운 병원에 전달한다. 다시 검사를 해야 하지만, 최신 상태에 대한 진단을 받을 수 있다는 장점이 있다.

겨울철 병원 방문은
보온이 중요

●

타월이나 담요만으로는 보온이 부족하다

지역에 따라 차이가 있겠지만, 겨울에는 통원용 캐리어를 타월이나 담요로 감싸는 정도로는 내부 온도를 따뜻하게 유지할 수 없다. 아무리 난방을 해도 차의 내부를 30℃로 만들 수 없고 차에서 내리면 바로 추위에 노출된다. 특히 아픈 새는 보온이 필요하다. 집에서 항상 30℃를 유지하고 있다면 단단히 보온 대책을 해야 한다. 그렇지 않으면 새의 체온이 떨어져 상태가 악화되는 원인이 된다.

핫팩이나 보온 물주머니 등을 캐리어에 넣는다

통원용 캐리어의 온도를 유지하는 데는 핫팩이나 충전식 손난로, 보온용 물주머니를 추천한다. 물주머니에는 따뜻한 물을 넣는 타입과 젤 타입

겨울철에 병원을 방문할 때 앵무새가 추위에 노출될 수 있다. 겨울에는 캐리어를 타월로 감싸는 정도로 온도를 유지할 수 없다. 핫팩이나 물주머니 등 온기를 공급할 수 있는 물건을 넣어 보온을 해주어야 한다. 차의 난방을 믿고 방심하여 새가 추위에 노출되는 일이 없도록 충분한 주의를 기울이자.

산소로 열을 내는 핫팩은 좁은 공간에 밀폐된 상태만 아니라면 큰 문제가 없다. 핫팩이 산소를 빨아들여도 공기가 잘 통하면 산소 결핍에 빠질 염려는 없다. 핫팩이 아니더라도 캐리어가 밀폐된 상태라면 이산화탄소가 가득 차서 앵무새가 위험할 수 있다.

이 있다.

1회용 핫팩은 수분과 산소를 흡수하는 방법으로 열을 낸다. 핫팩을 넣은 상태에서 통원용 캐리어를 밀폐시키면 내부의 산소를 빼앗기게 된다. 핫팩과 물주머니는 각각 취급에 충분한 주의를 기울이자. 다음 주의사항을 잘 읽고 안전하고 확실한 보온을 하여 통원하도록 하자.

1 1회용 핫팩

- 반드시 캐리어(소형 케이지)나 플라스틱 케이스 바깥쪽에 핫팩을 붙이거나 넣어야 한다. 캐리어를 넣은 가방은 밀폐시키지 말고 조금 열어두자. 밀폐되면 캐리어 가방 내부의 산소가 부족해질 수 있다.
- 캐리어나 캐리어 가방의 바닥 전체에 핫팩을 붙여서는 안 된다. 너무 더울 수 있으며 새가 피할 곳이 없기 때문이다.

2 보온 물주머니

- 아래 그림처럼 보온 물주머니를 캐리어나 플라스틱 케이스 옆에 두면 보온이 가능하다.
- 단, 보온 물주머니는 서서히 온도가 떨어지므로 통원 치료에 많은 시간이 걸린다면 물을 갈아준다. 가능하면 병원에서 따뜻한 물을 다시 넣어주자.
- 젤 타입은 전자레인지를 이용해 다시 데울 수 있으므로 병원에 부탁하기가 쉽다. 단, 새가 케이지 틈으로 부리를 내밀어 갉아먹을 수 있으니 주의하자. 타월로 감싸는 등의 대책이 필요하다.

3 캐리어 가방

- 캐리어를 넣는 가방은 보온성이 높은 제품을 선택하자. 내부에 알루미늄 가공을 한 보온 · 보냉 백을 추천한다.

병적인 깃털 부풀리기

•

앵무새는 평소에도 깃털을 부풀린다

새들은 잘 때 '깃털 부풀리기'를 하는데 체온의 저하를 막기 위한 행동이다. 부리를 등의 깃털에 파묻고 자는 '배면背眠'도 흔하게 볼 수 있는 행동이다. 부리에는 모세혈관이 분포해 몸의 열을 방출하는 역할을 한다. 때문에 수면 중 체온을 잃지 않으려고 부리를 깃털에 묻고 있는 것이다. 한쪽 다리를 깃털에 넣는 것도 같은 목적을 갖고 있다.

컨디션이 좋지 않을 때 하는 깃털 부풀리기

깃털 부풀리기나 배면은 질병으로 인해 체온이 떨어지거나 통증을 느낄 때에도 관찰된다. 낮 동안에도 계속 깃털을 부풀리고 배면을 한다면 몸이 안 좋거나 통증이 있을 가능성이 있다. 컨디션을 판단하는 가장 쉬운 방법

새는 낮잠을 잘 때 깃털을 부풀려 깃털 사이에 부리나 한쪽 다리를 넣는다. 체온을 유지하기 위한 행동이지만 몸이 안 좋을 때도 이런 모습을 보인다. 둘을 구분하기 위해서는 일상적인 건강 체크가 중요하다. 특히 매일 아침 몸무게와 식욕, 배설물, 온도 등을 반드시 체크해야 한다. 정기적 건강검진도 잊지 말자.

새는 체온이 떨어지면 깃털을 부풀린다. 그런데 따뜻해도 통증을 느끼거나 컨디션이 나쁠 때는 계속해서 깃털을 부풀리는 경향이 있다. 좀 더 보온을 해 주어야 할지 판단하기 어려울 때는 새를 손 위에 올려서 발의 온도를 체크하자. 차갑다면 좀 더 따뜻하게 해주고, 따뜻하다면 보온은 충분한 것으로 볼 수 있다.

tweet

은 발의 온도다. 손이나 손가락 위에 올렸을 때 발이 차게 느껴진다면 체온이 떨어진 상태다. 바로 보온을 해서 발이 따뜻해지는 온도(30~32℃ 정도)를 맞춰주자. 발이 따뜻해졌는데도 계속 깃털을 부풀리고 있다면 통증이 원인일 수 있다. 서둘러 진찰을 받도록 하자.

건강 관리는 매일매일

병을 조기에 발견하기 위해서는 평소 건강관리가 중요하다. 먹이 섭취량, 배변의 양과 상태, 몸무게, 활동량, 발정 유무, 깃털갈이 유무 등을 매일 체크하면 평소와 다른 점을 바로 알아챌 수 있다. 병적인 깃털 부풀리기나 배면을 그냥 지나쳐서는 안 된다.

매일 하는 건강 체크

☑ 먹이를 잘 먹고 있는가?
☑ 변의 양과 상태가 평소와 다른 점은 없는가?
☑ 몸무게에 큰 변화는 없는가?
☑ 활동량(날기, 놀이 등 새장 밖에서의 움직임)에 다른 점은 없는가?
☑ 발정을 하지 않았나?
☑ 깃털갈이 중인가?

질병
02

일사병과 에어컨

•

적도 근처에 산다고 더위에 강하지 않다

야생에서 기온이 30℃ 이상 되는 지역에 서식하는 종이라고 해서 더위에 강한 것은 아니다. 바람이 잘 통하는 나무 그늘이라면 기온이 30℃ 이상이라도 잘 지낼 수 있고 소나기로 체온을 낮출 수도 있다. 하지만 실내 사육 환경은 바람이 통하지 않고 여름에는 습기가 차기 쉽다. 새가 덥다고 느껴도 피할 곳이 없다. 열을 발산해 체온을 조절하지 못하면 일사병에 걸리게 된다.

일사병에는 1~3단계가 있다

일사병은 중증도로 분류할 수 있다. 1단계는 가벼운 일사병으로, 과다호흡과 개구(開口)호흡이 나타난다. 즉 두 팔을 펴듯 날개를 펼치고 깊은 숨을 여름에는 일사병에 걸린 앵무새가 자주 내원한다.
일사병에 걸리는 온도가 정해져 있지는 않다. 다만 평소 익숙하지 않은
높은 온도에 갑자기 노출되면 발병한다. 특히 밤에 에어컨이 꺼지거나
외출할 때 에어컨을 끄고 나가는 것이 주요 원인이다.
3단계의 일사병에 걸리면 손을 쓸 수 없으므로 주의하자.

새의 탈수는 다리를 보면 알 수 있다. 예를 들어 왕관앵무의 다리는
건강할 때와 신장 기능이 저하되었을 때가 다르다. 탈수가 온 다리는
붉고 검은색을 띤다. 새의 탈수는 주로 다뇨, 혈류 저하로 발생한다.
신부전이나 당뇨병, 금속 중독, 패혈증, 갑작스러운 식욕 부진, 일사병,
저체온 등이 주요 원인이며 신속한 체액 보충과 치료가 필요하다.

쉬면서 호흡 횟수가 증가한다. 새들은 코와 입으로 뱉는 숨 속에 수분을
증산해 열을 방출하므로 과다호흡이 이어지면 탈수가 일어난다.

2단계는 중간 단계의 일사병으로, 체온이 오르고 탈수로 인해 순환 혈액
량이 저하되므로 혈압이 떨어진다. 때문에 눈을 감고 움직이지 않을 수도

있다. 이 외에도 구토를 하거나 식욕이 떨어진다.

3단계는 위급한 일사병이다. 탈수가 진행되어 혈액 순환에 장애가 생기고 다발성 장기 부전을 일으킨다. 더위로 체온 조절 중추에 장애가 생기면 체온이 높아진다. 몸이 작은 새가 3단계 일사병을 일으키면 손을 쓸 수 없는 경우가 많다.

외출할 때도 에어컨을 켜 두자

가정에서 발생하는 일사병은 대부분 야간에 에어컨을 꺼서 생긴다. 또한낮 동안 기온이 오를 것을 예상하지 못하고 에어컨을 끈 채 외출하는 경

일사병에 대하여

[진단]
발병한 상황, 새의 더워하는 정도, 발과 부리의 온도, 탈수의 유무로 진단한다.

[치료]
사람처럼 장시간 수액을 맞을 수 없으므로 직접 피하 조직에 주사해 탈수를 개선한다. 위급한 탈수는 경정맥을 통해 수액을 주사하기도 한다.

[가정에서의 응급처치]
• 에어컨을 켜서 몸을 식힌다. 개구호흡이 나아지면 에어컨 바람 쐬는 것을 멈추고 시원한 방에서 쉬도록 한다.
• 탈수 증상이 보이면 경구 보수액(예를 들어 링티)을 마시게 한다. 소형 조류는 한 번에 10방울 정도가 적당하다. 30분에서 1시간마다 주고 병원으로 데려간다.

우에도 종종 발생한다. 단시간이라도 강한 직사광선에 노출되는 경우에도 발생한다. 이렇게 일사병의 원인은 대부분 사육자의 부주의에 기인하므로 온도 관리에 신경을 쓰자. 다만 40쪽에서 밝혔듯이 새가 항상성을 유지하는 기능을 하는 것은 매우 중요하다. 사육자가 집을 비울 때는 에어컨을 켜 두어야 하지만, 옆에 있을 때는 새의 모습을 보면서 온도가 너무 내려가지 않게 하는 것도 중요하다.

앵무새의 비염과
부비강염

●

어떤 균이 비염의 원인인지 확인한다

새에게는 비염과 부비강염이 많이 발생한다. 사람의 경우 바이러스에 의해 비염과 부비강염이 발생하지만, 새들은 세균, 진균, 마이코플라스마 Mycoplasma, 클라미디아에 의해 발병하는 경우가 대부분이다. 감염이 오래 지속되면 부비강 안에 고름이 고여 얼굴이 붓거나 비강 내부가 괴사하여 난치성이 되는 경우가 있다.

난치성 비염은 빗창앵무에게 많이 나타난다. 치료해도 좋아지지 않을 때는 조기에 1차 원인균을 조사해야 한다. 우선 비강을 생리식염수로 세정하고 그 액을 채취해 검사기관에 보낸다. 검사기관에서는 세균을 배양하고 약제 감수성 실험을 통해 효과적인 항생물질을 밝혀낸다. 나아가 진균의 유무를 조사하기 위해 현미경으로 세정액을 관찰한다. 세정액을 이용해 마이코플라스마나 클라디미아 검사를 하기도 한다.

앵무새의 비염과 부비강염은 자칫 난치성 질병이 되기 쉽다. 항생물질을 장기간 사용하면 내성균이 증식하거나 중복 감염을 일으켜 진균이 증식하기도 한다. 원인균을 조사하려면 비강 세정액의 세균 약제 감수성 검사와 현미경 검사로 진균의 유무를 조사한다. 코가 막힌 경우에는 비강 세정이 효과적이다.

빗창앵무에게는 난치성 비염이 많다. 병이 오래가면 비강 내부가 괴사해 콧구멍에 변형이 생기거나 비강 덮개가 없어지고 콧구멍이 커지기도 한다. 이 경우에는 정기적으로 비강 속 괴사물이나 코딱지를 제거해 주어야 한다. 감염의 원인은 세균, 진균, 클라디미아 등이다.

tweet

비강 세정으로 증상이 개선될 수도

내복약을 투여해도 증상이 개선되지 않을 때나 비강이 막힌 경우에는 비강 세정을 한다. 생리식염수에 항생물질과 항진균제를 첨가한 세정액으로 비강을 씻어주는 방법이다.

비강 세정 중인 사랑앵무. 비공을 통해 세정액을 주입하여
입으로 배출시킨다. 액을 삼키지 않도록 주의한다.

주사기 끝에 가느다란 관 모양의 의료기기인 피딩튜브Sonde를 연결한다.
콧구멍으로 세정액을 주입하고 후비공을 통해 입으로 배출시킨다. 비강
안에 남은 세정액은 흡입기로 빨아낸다.

비염, 부비강염에 대해

[증상]
- 비염: 재채기, 콧물, 코막힘, 결막염(비루관에서 눈으로 감염)
- 부비강염: 볼의 부종, 눈 돌출(심한 경우)

[진단]
증상의 특징에 따라서 구분한다. 병원체는 현미경으로 관찰하거나 배양 및 유전자 검사로 특정한다.

[치료]
- 항생물질 투여(세균, 클라미디아, 마이코플라스마가 원인인 경우)
- 항진균제 투여(진균이 원인인 경우)

사랑앵무에게 흔한 메가박테리아증

•

사랑앵무의 유조에게 많은 질병

메가박테리아증은 효모(진균)에 의해 발생하는 감염증이다. 효모균증, 혹은 메가이스트Avian Gastric Yeast, AGY라고도 부른다. 일반적으로 감염된 어미 새나 동거하는 새의 분변에서 나온 메가박테리아를 입으로 섭취해 감염된다. 사랑앵무에게 폭넓게 퍼져 있으며 특히 유조에게서 많이 발생한다.

그 외에도 여러 종류의 새에게서 감염이 나타난다. 예컨대 모란앵무, 왕관앵무, 유리앵무 등의 앵무류와 문조, 금화조, 카나리아 등의 핀치류에서도 볼 수 있다.

빨리 발견하면 대부분 치유되지만 발견이 늦어 위의 장애가 심하면 소화기 증상이 계속되는 경우도 있다. 그중에는 만성 위염에서 위종양으로 발전되는 사례도 있으므로 유조를 맞이하면 서둘러 건강검진을 받자.

약을 먹고 분변 속에 더 이상 메가박테리아가 확인되지 않으면 완전히 치유된 것으로 판단한다. 그러나 1~2년 후에 재발하는 경우가 있다. 재발할 때까지 아무 증상이 없고 분변 검사에서도 음성으로 나온다. 이것은 잠복감염 상태이므로 주의가 필요하다.

한 번이라도 메가박테리아에 감염되었다면 1년에 3번 정도 건강검진을 받는 것이 바람직하다. 잠복감염을 알아내려면 분변 검체의 유전자 검사

메가박테리아증은 치료 후에 더 이상 변으로 박테리아가 배설되지 않으면 치유된 것으로 판단한다. 그러나 간혹 1~2년 후에 재발하는 경우가 있다. 재발하기까지는 증상이 없으며 변 검사도 음성으로 나온다. 이 상태는 잠복감염으로 봐야 한다. 메가박테리아에 감염된 적이 있다면 1년에 3회 정도 건강검진을 권한다.

메가박테리아는 위장에 감염된다. 내복약 치료에는 암포테리신B를 사용하는데 이 약은 장에서 거의 흡수되지 않으므로 반드시 약품이 위를 통과해야 효과가 있다. 필자의 병원에서는 물에 섞어서 투여하라고 권하고 있다. 하루 2번의 직접 투여로는 빠른 효과를 얻을 수 없다.

tweet

메가박테리아의 현미경 사진

가 필요하다. 분변 검사에서 검출되지 않을 정도의 극소량의 메가박테리
아 유전자DNA를 검출할 수 있기 때문이다.

메가박테리아증에 대하여

[증상]
구토, 식욕 부진, 미소화 변(곡물 알갱이가 으깨지지 않은 상태), 묽은 변, 설사, 흑색 변 등

[진단]
현미경으로 분변을 검사한다. 배설하는 양과 증상의 정도가 반드시 비례하는 것은 아니다.

[치료]
- 암포테리신B를 내복 투약한다. 투약 기간이 짧으면 재발률이 높기 때문에 4~6주간 투약한다.
- 암포테리신B는 장에서 거의 흡수되지 않으므로 약이 위를 통과해야 한다. 이 때문에 물에 섞어 투여할 것을 권한다. 특히 난치성인 경우는 암포테리신B의 1일 2회 투약만으로는 점막 안에 침입한 메가박테리아를 사멸시킬 수 없어 트라코나졸이나 폴리코나졸을 병용한다.
- 난치성이나 증상이 심한 경우는 항진균제인 마이카펀긴 나트륨*micafungin Na*도 주사한다.

기생충이 원인,
트리코모나스 감염증

•

모이주머니가 감염되고 유조에 많은 감염증

트리코모나스 기생충에 감염되는 새는 앵무류, 핀치류, 비둘기, 칠면조, 닭, 메추라기, 맹금류 등이다. 반려조 중에서는 사랑앵무, 왕관앵무, 문조에서 자주 나타난다. 사람의 성기나 요도에서 발견되는 질 트리코모나스와는 종류가 다르므로 인수 공통 감염증人獸共通感染症은 아니다.

트리코모나스는 모이주머니에 기생하므로 어미 새가 유조에게 먹이를 줄 때 전염되며, 성조 사이에서는 같은 물그릇을 매개로 전염된다. 맹금류의 감염은 트리코모나스를 보유한 새를 잡아먹는 것이 원인이다. 반려동물 샵에서는 같은 피딩 도구나 기구를 사용함으로써 감염이 발생하기도 한다.

식도와 모이주머니는 세균과 진균 등의 감염에 강하지만(151쪽 참고), 트리코모나스는 예외다. 하지만 모든 새에게 식도염과 소낭염을 발생시키지

198쪽 사진은 사랑앵무의 모이주머니에서 검출된 트리코모나스다. 이 기생충은 파동막과 편모를 이용해 이동하는데 사랑앵무와 문조의 유조에게 많이 발생한다. 트리코모나스는 소낭염을 일으키므로 서둘러 구충해야 한다. 새롭게 유조를 맞으면 조속히 건강검진을 받자.

최근 사랑앵무의 트리코모나스 감염률이 높아지고 있다. 중증으로 진행되면 소낭 천공을 일으켜 피부 조직에 농양이 생기기도 한다. 주로 어미 새로부터 감염되거나 감염된 유조와 같은 그릇을 사용할 때 전염된다.

는 않는다. 개체에 따라서는 자신은 발병하지 않고 다른 새에게 옮기는 감염원이 되기도 한다. 즉 트리코모나스에 대한 감수성이 높은 개체에게 발병한다.

식도염이나 소낭염이 생기면 식욕 부진, 구토, 구강 내 점액 증가 등이 나타나며 중증화되면 식도 천공이나 소낭 천공을 일으켜 피하 농양을 형성한다. 특히 식도 천공을 일으키는 경우가 많은데, 경부에 큰 농양이 생

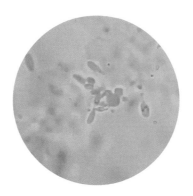

트리코모나스의 현미경 사진

기기 때문에 음식물을 삼킬 수 없게 된다. 또한 트리코모나스는 부비강이나 폐로 침투해 부비강염과 폐렴을 일으키기도 한다.

진단 방법은 소낭액 또는 구강 내 점액을 채취한 후 현미경으로 검출한다. 치료에는 메트로니다졸을 투여하고 농양이 생긴 경우에는 항생물질을 병용한다.

트리코모나스증에 대하여

[증상]
식도염·소낭염으로 인한 식욕 부진, 구토, 구강 점액 증가. 식도 천공이나 소낭 천공이 일어나면 피하 농양 발생. 가끔 부비강염과 폐렴 발생.

[진단]
소낭액 또는 구강 내 점액을 현미경으로 검사해 트리코모나스 검출.

[치료]
메트로니다졸 투여, 피하 농양이 형성된 경우에는 항생물질 투여.

구토를 유발하는
크립토스포리디움증

•

벗꽃모란앵무에겐 기생충이 원인인 질병이 많다

크립토스포리디움은 기생충의 일종으로 위에서 감염된다. 주로 벗꽃모란앵무에게 나타나며 가끔 왕관앵무, 유리앵무, 빗창앵무 등에서도 보인다. 발병 후에 위장 장애가 진행되면 만성 구역질, 구토 증상을 보이고 주

무증상 상태에서도 위장 장애가 서서히 진행되는 것이
크립토스포리디움증Cryptosporidiosis의 특징이다.
엑스레이 상에서 위가 부어 있는 경우가 많다. 단, 벗꽃모란앵무의
경우는 크립토스포리디움이 아니라도 스트레스로 인한 위장
장애를 일으키기 쉬우니 주의가 필요하다.

tweet

로 아침에 끈끈한 액을 토한다. 구토물을 잘못 삼키면 폐렴을 일으킬 수 있고 식욕이 감퇴하며 서서히 쇠약해진다.

크립토스포리디움은 분변의 자당 부유법 검사를 통해 진단한다. 엑스레이 검사에서는 중간대(선위와 근위 사이)가 확장된 모습을 볼 수 있다.

인간을 포함해 많은 동물에서 크립토스포리디움이 발견되지만 효과적인 구충약은 아직 존재하지 않는다. 사람에게 효과 있는 약제는 니타조사나이드와 파로모마이신으로, 새들에게도 이 약제의 투여가 시도되고 있지만 구충은 쉽지 않다. 실제로 이들 약품을 투여하면 새들의 구역질이 더 심해지는 경우가 많아 최근에는 사용을 삼가고 대부분 대증요법으로 경과를 살핀다. 벚꽃모란앵무에서 중증 사례가 많이 나타나는데 주로 구역질이 심해 몸이 약해진다. 최소한의 먹이로 연명하면서 여러 해에 걸쳐 투병을 이어가기도 한다.

완치가 어려운
선위확장증

•

치료가 어려운 선위 감염 질환

선위확장증PDD은 조류 보르나바이러스에 의해 발생하는 감염증으로 앵무새에게 흔한 질병이다. 특히 회색앵무, 유황앵무류, 금강앵무류, 뉴기니아 앵무에서 발생했다는 보고가 많다. 대부분 말기까지 뚜렷한 증상이 없으며 증상을 보였을 때는 이미 선위가 많이 비대해져 있다. 음식물의 통과 장애를 일으키므로 분변의 양이 감소하고 다리의 마비나 경련 발작을 일으키기도 한다.

진단은 엑스레이 검사에서 선위의 확장을 확인한다. 혈액검사에서 *CPK가 상승하는 특징도 있으며 분변 검체를 이용한 유전자 검사로도 진단이 가능하다. 그러나 감염되었어도 반드시 바이러스를 배설하는 것은

---

*CPK 크레아틴포스포키나제creatine phosphokinase는 신경질환, 근질환일 때 상승한다.

선위확장증PDD, Proventricular Dilatation Disease은
조류 보르나바이러스ABV : Avian BornaVirus에 의해 발생한다.
한 번 감염되면 완치가 어려운 감염병이다. 반려조를 맞을 때 검사에서
음성이 나왔더라도 한 번의 검사로는 안심할 수 없다. 현재로서는
지속적인 검사와 철저한 위생 관리가 이루어지는 샵에서
입양하는 것이 감염 예방을 위한 최선의 방법이다.

tweet

아니어서 검사 결과가 음성이라도 증상을 보이면 감염을 의심해야 한다.
여러 번의 검사를 통해 바이러스가 검출되기도 한다.

유감스럽게도 완치는 어려우며 대증요법으로 경과를 살피는 것이 보통
이다. 약제는 신경절염을 억제하기 위해 비스트로이드계 항염증 약품을
사용한다. 그 외에 위점막 보호제, 소화 기능 조절제 등도 병용하고, 인터
페론 투여로 증상을 완화시키기도 한다. 먹이를 먹을 수 있다면 PDD용 처
방식을 이용한다.

파우더 주의!
만성 폐쇄성 폐질환

•

다른 새의 파우더나 담배 연기가 원인

만성 폐쇄성 폐질환COPD은 다른 종의 파우더나 담배 연기, 향의 연기 등을 장기적으로 흡입하거나 노출되었을 때 발생하는 폐의 염증성 질환이다. 과거에는 원인을 몰라 알레르기 질환으로 생각하기도 했다.

초기에는 만성 비염을 일으켜 비공 주위가 붉어지고 비강이 막히는 증상을 보인다. 폐 속 기관지에 염증이 생기면 만성적인 기침과 재채기를 하고 기관지가 좁아져 몸속 공기의 흐름이 나빠진다. 중증이 되어 폐가 섬유화되면 몸을 조금만 움직여도 숨이 차고 호흡이 곤란해진다.

청금강앵무에서 파우더에 의한 COPD가 가장 많이 보고되고(해외 데이터 포함), 소형보다 대형 앵무새에서 많이 발생한다. 단, 담배나 향의 연기로 발병하는 COPD의 경우에는 종의 차이가 별로 없다.

한 번 발병하면 완치가 어려운 질병이다. 치료를 위해서는 기관지 확장제를 써서 공기의 흐름을 개선하고, 증상이 심한 경우에는 스테로이드제를 병용한다.

가능하면 혼합 사육은 피하자

질병의 진행을 예방하려면 같은 방에서 종이 다른 조류의 혼합 사육을 피해야 한다. 파우더가 많은 종들끼리 키워도 안 좋고, 파우더가 많은 새와 적은 새의 조합도 좋지 않다. 단, 파우더가 많은 새라도 같은 종이라면

폐가 섬유화해 호흡 곤란이 생기는 질병이 만성 폐쇄성 폐질환이다. COPD는 다른 종의 파우더를 흡입해 발생하는 경우가 있는데, 그중에서도 청금강앵무를 회색앵무나 유황앵무와 함께 사육하면 발생하는 것으로 알려져 있다. 간혹 다른 종에서 관찰되기도 한다.

파우더가 많은 종을 사육할 때는 주의가 필요하다. 종이 다른 새를 같은 방에서 키우는 상황에서, 만성적으로 재채기와 기침을 하거나 다른 새의 깃털 고르기 후에 재채기를 한다면 발병을 의심해야 한다. 공기청정기를 사용하고 직접 접촉할 기회를 줄이자. 또한 새의 COPD는 담배 연기를 흡입해도 발생하므로 주의하자.

tweet

문제되지 않는다. 기본적으로는 같은 종의 혼합 사육을 권한다.

새가 있는 방은 자주 환기를 시켜 신선한 공기를 유지하는 것이 예방법이다. 사람을 위해서가 아니라 새를 위해 공기청정기 사용을 추천한다.

아크릴 재질의 새장이나 아크릴 판으로 새장을 감싸면 파우더가 날리는 것을 막을 수 있지만 공기 흐름이 차단된다. 주변에 미치는 영향은 제한할 수 있지만 새가 자신의 파우더를 다량 흡입하게 된다. 따라서 파우더가 많은 종은 아크릴판을 권장하지 않는다.

만성 폐쇄성 폐질환에 대하여

[증상]

초기 증상은 코막힘과 콧구멍의 팽창. 폐의 섬유화가 일어나면 숨이 차고 호흡 곤란을 느낌.

[진단]

- 엑스레이 검사에서 폐렴 소견으로 진단되지만 불명확한 경우도 있다.
- 혈액검사에서 총 백혈구 수가 상승하면 감염성 폐렴으로 감별한다. 심장병과의 감별 진단도 필요하다.

[치료]

완치는 불가능하기 때문에 스테로이드제와 기관지 확장제로 유지 및 관리를 한다. 치료에 효과가 없으면 호흡 곤란이 악화되어 손을 쓸 수 없다.

노화, 비만으로 인한
심장병

●

심장병엔 여러 종류가 있다

새의 심장병에는 선천성 질병, 죽상 동맥경화, 울혈성 심부전, 심내막
질병, 심외막·심장막 질환, 심근병증, 종양 등이 있다. 인간과 달리 세부
적인 병명을 진단하기 어렵기 때문에 심장과 관련된 질병을 통틀어 심장
병이라고 부른다.

새의 심장병 진단에는 주로 엑스레이 검사가 쓰이는데 얻을 수 있는 결
과에는 한계가 있다. 심 음영의 너비, 동맥경화나 폐수종의 유무는 진단이
가능하지만 심장의 상세한 상태까지는 진단할 수 없다. 상세 진단을 위해
서는 심전도검사와 심장 초음파검사를 해야 하고, 이런 검사를 하려면 진
정제를 투여하거나 마취가 필요하다. 검사와 관련된 연구 논문은 존재하
지만 심장병이 의심되는 새에게 진정제나 마취약을 투여하는 것은 상태가
급변할 위험이 있어 현실적이지 않다. 때문에 새에게 심장병이 의심되면

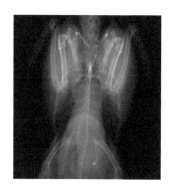

정상 심장의 문조

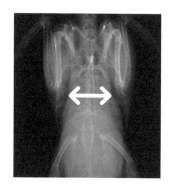

심확대가 보이는 문조

화살표 부분의 너비 확장으로
심확대를 판단

새에게도 심장병이 있다. 가장 많은 원인은 노화이지만, 비만과 암컷의 발정, 고지혈증, 고혈압과 동맥경화에 의해서도 발병한다. 초기에는 호흡할 때 색색 하는 소리가 나고 혈색이 어두워지며 활동 후에 거친 숨을 내쉰다. 병이 진행하면 개구호흡, 습성濕性 호흡음, 안정 시 과다호흡, 복수腹水 등의 증상이 나타난다.

심장병은 엑스레이 검사로 진단한다. 혈압 상승으로 심장의 음영이 크게 보이기 때문이다. 위의 사진은 심확대가 관찰되는 문조의 엑스레이다. 왼쪽은 5세, 오른쪽은 8세 때이다. 평소 건강검진에서 엑스레이 검사를 받으면 비교가 가능하다. 새는 심전도 검사를 할 수 없으므로 심장병의 종류까지 진단하기는 어렵다.

tweet

우선 투약해서 증상이 개선되는지 지켜봐서 진단한다.

심장병 치료에는 ACE 저해제(혈압 강하제), 심부전 치료제, 관상혈관 확장제, 이뇨제(소변의 양을 늘리는 순환 혈액량을 줄여 혈압을 떨어뜨린다) 등이 쓰인다. 비만과 암컷의 발정에 의한 고지혈증은 먹이 제한과 호르몬제를 써서 발정을 억제한다.

심장병으로 부리의 혈색이 나쁜 문조

심장병에 대하여

[증상]

초기 증상은 숨이 차고 호흡할 때 색색 하는 소리가 난다. 진행되면 안정된 상태에서도 호흡이 빨라지고 청색증이 나타난다.

[진단]

엑스레이 검사에서 심 음영 확대 및 폐수종이 보이는 경우에 잠정 진단을 한다. 복부가 부풀어 오른 경우에는 초음파검사로 복수의 유무나 간의 확대에서 오는 혈압 상승을 의심한다. 심장병 치료에 반응할 경우 심장병으로 진단한다.

[치료]

ACE 저해제(혈압 강하제), 심부전 치료제, 관상혈관 확장제, 이뇨제 등을 사용한다. 비만과 암컷의 발정에 의한 고지혈증이 보이는 경우에는 먹이 제한과 호르몬제를 써서 발정을 억제한다.

정소종양 1
사랑앵무 수컷의 특이 질환

•

정소종양의 원인은 체온이 아니다

정자가 생성되는 데 적합한 온도는 체온보다 낮다. 즉 정자가 만들어지는 '정소'는 체온보다 낮아야 한다. 때문에 포유류는 체온 발산을 위해 음낭이 몸 밖에 위치한다. 새는 체온이 높은 동물이지만 포유류와 달리 정소가 몸 밖에 나와 있지 않다. 비행에 적합하지 않기 때문이다. 조류의 정소는 복강 내 후흉기낭caudal thoracic, 복부기낭abdominal과 인접해 있어 호흡에 쓰이는 공기의 흐름을 이용해 차게 유지된다.

정소종양의 원인이 높은 체온이라는 설에는 과학적 근거가 없다. 만약 그 설이 맞다면 모든 새의 수컷은 정소종양에 걸려야 한다. 그러나 정소종양에 걸리는 새는 사랑앵무뿐이다. 사육 환경에서 사랑앵무 수컷은 대부분 만성적으로 발정을 하고 깃털갈이 중에도 정소가 발달한다. 발정 상태와 발정하지 않은 상태를 비교하면, 물론 발정하는 쪽이 정소종양에 걸릴 사랑앵무의 정소종양과 관련해서는 설이 많다.
계속된 발정으로 정소가 발달하고, 그로 인해 정소의 온도가 올라가
종양화된다는 것인데, 결론적으로 과학적 근거가 전혀 없다.
이 오류는 개의 잠복정소가 쉽게 종양화한다는 점에서 나온 것이다.
잠복정소란 정소가 음낭 안으로 하강하지 않고
복강 내부나 서혜부에 머무는 질병이다.

잠복정소가 쉽게 종양화하는 것은 고온에 노출되었기 때문이라
추정된다. 하지만 새의 잠복정소는 공기주머니와 인접해 있다.
발정한다고 해서 항상 고온에 노출되지 않는다.
그리고 대부분의 반려조 수컷은 발정해도 이런 증상을
일으키지 않는다. 단지 사랑앵무만 정소가 종양화한다.

이상의 사실에서 사랑앵무의 정소종양은 유전성일 가능성이 크다.
결코 사육자가 키우는 방법이 잘못되어서가 아니다.
정소종양은 어렸을 때 수술하면 완치될 수 있다.
수컷의 납막 색이 엷어지거나 칙칙해지면 정소종양을 의심하자.

tweet

위험이 높다. 그러나 발정이 계속되어도 정소종양에 걸리는 개체와 걸리지 않는 개체가 있다.

종합적으로 정소종양은 사랑앵무의 특이적인 질병인 동시에 유전적 요인에 의한 것이라 판단할 수 있다.

사랑앵무의 수컷은 정소종양의 가능성이 높다

정소종양에 발정이 관련되어 있다는 통설을 믿는 사육자 중에는 '새가 정소종양에 걸린 것은 자신의 사육 방법이 잘못되었기 때문'이라고 스스로를 탓하는 사람이 있다. 그러나 지금까지 말한 것과 같이 사랑앵무 수컷의 발정은 생활과 환경 개선으로는 조절이 쉽지 않다. 사랑앵무를 입양할 때, 수컷의 경우는 정소종양에 걸릴 가능성이 높다는 정보를 알아두는 것이 좋다. 그래야 만일의 경우를 대비할 수 있다. 반려조를 맞이할 때는 이러한 사실까지 자신이 수용할 수 있는지 잘 생각해보고 결정하자.

정소종양 2
납막 색깔을 관찰하자

•
.

수컷의 납막 색 변화는 정소종양의 징조

사랑앵무의 정소종양에는 세 종류가 있다. 그중 세르톨리 세포종Sertoli Cell Tumor의 경우, 여성호르몬인 에스트로겐을 분비한다. 남성 호르몬인 테스토스테론이 효소(아로마타제)에 의해 에스트로겐으로 변하는 것이다. 납막은 성호르몬의 영향으로 색이 변한다. 즉 청색이나 핑크색을 띠던 수컷의 납막이 에스트로겐의 영향으로 칙칙해지거나 갈색으로 변색되기도 하는 것이다. 때문에 납막 색의 변화는 정소종양을 의심할 수 있는 대표적 증상이므로 조속히 진찰을 받아야 한다.

그러나 나머지 2종류의 정소종양은 납막 색에 변화가 없기 때문에 정기적인 엑스레이 검사를 통해 조기 발견을 해야 한다.

정소종양은 '골수골骨髓骨'로 판단한다

　여성호르몬인 에스트로겐은 뼈에 칼슘을 저장하는 지령 역할을 한다. 정소에 종양이 생긴 사랑앵무는 처음에 위팔뼈(상완골)와 아래팔뼈(전완골)에 석회 침착이 일어난다. 이것을 '골수골'이라 한다. 골수골은 원래 암컷이 난자를 만들기 위해 칼슘을 저장하려고 발달시킨 것이다. 골수골이 계속해서 체내에 있으면 온몸의 뼈에 칼슘 침착이 일어난다. 따라서 정소종양의 진단은 엑스레이 검사로 한다. 병원에 따라서는 엑스레이 검사 후 '정소의 크기가 발정 상태와 같거나 조금 적다'라고 하면서 '아직 종양인지 알 수 없다'라고 진단하는 경우가 있다. 그러나 정소종양을 판단하는 포인트는 골수골이다. 정소가 커지지 않았더라도 골수골이 보인다면 이미 종양화하고 있을 가능성이 크다.

정소종양에 대하여

[증상]
납막이 칙칙하고 갈색화되며 복부가 비대해진다.

[진단]
엑스레이 검사를 통해 골수골의 형성과 정소의 확대를 확인한다. 정소가 커지지 않았어도 납막의 변화와 골수골이 보이면 종양화했을 가능성이 크다.

[치료]
완치하려면 정소 적출 수술이 필요한데 수술은 정소가 커질수록 위험하다. 수술하지 않을 경우에는 한방 약제, 아가리쿠스, 타목시펜시트르산염, 스테로이드제 등을 사용한다.

왼쪽은 건강한 납막의 색깔. 오른쪽은 정소종양이 의심된다.

정소종양 수술은 빠를 수록 좋다

정소종양을 완치할 수 있는 치료법은 외과적 적출밖에 없다. 난이도가 높은 수술이지만 정소가 작을 때 수술을 받는 편이 생존율이 높다. 성장하고 나서는 생존율이 현저히 떨어지므로 수술을 원한다면 서둘러 수의사와 상담하자. 수술을 원하지 않을 때는 면역력을 높이는 건강보조식품이나 한방 약제, 에스트로겐의 영향을 억제하기 위한 타목시펜시트르산염 Tamoxifen Citrate을 병용하는 경우가 많다.

사랑앵무 수컷의 납막 색이 칙칙하거나 짙은 갈색을 띤다면 정소종양이 진행되었을 가능성이 있다. 엑스레이 검사에서 정소가 커져 있는 상태가 아니더라도 이미 종양화한 경우를 자주 목격할 수 있다. 수술을 고려한다면 정소가 발달하지 않은 시기가 적당하다.

tweet

소형 앵무새의
난소종양

•

소형 앵무의 암컷에서 많이 발병한다

난소종양은 사랑앵무, 벚꽃모란앵무, 왕관앵무 등 소형 앵무새 암컷에서 많이 발병한다. 원인은 정확히 알 수 없지만 만성 발정이나 유전적 요인으로 의심된다. 정상 상태에서 난소는 몸의 왼쪽에서만 발달한다. 정상 난소는 적출할 수 없지만 종양화한 난소는 종양 부분을 적출할 수 있다.

난소종양에는 2가지 종류가 있다. ①얇은 막 안에 액체가 고이는 낭포성 종양과 ②종양세포 덩어리인 충실성 종양이다. 난소종양이 커지면 배가 부풀어 오른다. 낭포성 종양은 배에 탄력이 있는 반면 충실성 종양의 경우는 배가 단단하게 굳는다. 그러나 복수가 차면 두 종양 모두 배에 탄력이 생긴다.

종양은 엑스레이 검사와 초음파 검사로 진단한다. 엑스레이 검사에서 소화관 조영촬영을 하면 종양의 위치를 특정할 수 있다. 초음파 검사에서

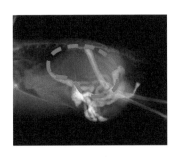

수술 전 사랑앵무 암컷.
큰 난소종양이 보인다.

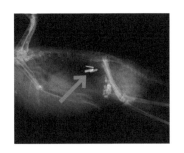

수술에서 지혈 클립을
이용(화살표 부분)한 뒤에 찍은
엑스레이 사진. 종양이 사라졌다.

난소종양을 적출한 사랑앵무의 1.5개월 후 검진을 실시했다.
난소종양은 낭포성인 경우에 대부분 적출이 가능하다.
반면 큰 사이즈의 충실성 종양의 경우에는 적출이 불가능하다.
종양이 낭포성인지 충실성인지는 초음파 검사로 감별할 수 있다.

위 사진의 왼쪽이 수술 전 조영 촬영 사진이다.
종양이 매우 크며 장을 압박하고 있음을 알 수 있다.
오른쪽은 1.5개월 후 검진 당시의 엑스레이 사진이다.
난소에 지혈 클립이 보인다. 지혈 클립은 티타늄 제품으로
체내에 남아도 문제가 없다.

tweet

는 낭포성인지 충실성인지를 감별하고 복수가 찼는지 여부를 확인한다.

낭포성 종양은 수술로 적출할 수 있지만, 상태가 나쁘거나 수술을 원치 않을 때는 주사 바늘로 낭포 안에 고인 액체를 빼내기도 한다. 충실성 종양은 등에 고착되어 있는 경우가 많기 때문에 대부분 수술로는 적출이 곤란하다. 수술이 어렵거나 사육자가 원하지 않을 때는 한방 약제나 아가리쿠스, 호르몬제, 스테로이드제 등을 사용한다.

난소종양에 대하여

[증상]
복부 비대로 알게 되는 경우가 많다. 종양이 커지면서 호흡기를 압박하므로 호흡 곤란, 식욕 부진 등의 증상을 보인다.

[진단]
엑스레이 및 초음파 검사로 난소종양을 확인한다.

[치료]
외과적 적출이 가능하면 절제한다. 수술을 할 수 없는 경우나 원하지 않을 때는 한방 약제나 아가리쿠스, 호르몬제, 스테로이드제 등을 투여한다.

겨울에 주의해야 할
알막힘

●

11월부터 조심해야 할 알막힘

매년 11월 즈음, 추워지기 시작하면 알막힘으로 인한 내원이 많아진다. 추워졌다고 보온을 시작하면 앵무새는 봄이 왔다고 착각하고 발정을 하게 되고 그 결과 알이 생겨 산란에 이른다.그러나 막상 알을 낳으려 하면 주변의 기온이 낮기 때문에 몸이 차가워져 알막힘이 발생하는 것이다.

새의 몸은 추위를 느끼면 교감신경이 우위가 되어 체온을 유지하려고 노력한다. 한편 산란을 하려면 부교감신경이 우위가 되어 몸이 이완되고 산도가 늘어나야 한다. 사육자가 새의 몸을 따뜻하게 해주려고 계속 보온을 하면 결과적으로 발정을 촉진해 산란을 유도하게 된다. 온도의 균형은 이렇게 어려운 문제이지만, 겨울에는 컨디션에 문제가 없는 정도로만 온도를 유지하는 것이 바람직하다.

온도 관리와 먹이 제한이 가장 좋은 예방책

발정의 기미가 보이면 새의 배를 만져 알이 생기지 않았는지 확인하자. 알이 생겼다면 산란을 대비해 철저하게 보온을 해주자. 물론 먹이 제한이 적절하게 이루어지면 따뜻한 환경에서도 발정하지 않을 수 있다. 평소에 먹이의 양과 몸무게를 꼼꼼하게 체크하자.

주로 추워지기 시작할 때 알막힘 현상이 증가한다.
산란을 할 때는 부교감 신경이 우위가 되어야 산도가 이완되는데
추우면 교감신경이 우위가 되어 이완이 원활하지 않기 때문이다.
그렇다고 보온을 철저히 해서 체온이 오르면 발정하기 쉽다.
발정 억제를 위해서는 컨디션을 유지할 정도의 온도를 유지하고,
알이 생겼을 때는 춥지 않게 해주자.

tweet

알막힘에
기름은 효과가 없다

●

기름을 이용해도 난관의 윤활 기능은 하지 못한다

오래된 사육서에는 새에게 알막힘이 생기면 설탕물에 포도주 한 방울을 떨어뜨려 먹이고 올리브유나 아주까리기름으로 관장하면 알막힘이 해결된다고 적혀 있다. 새에게 알코올을 먹이는 것 자체를 권장할 수 없으며 기름으로 관장해도 알은 나오지 않는다.

알막힘은 산도인 난관 질부, 난관 입구, 배설공이 따뜻하지 않아 생기는

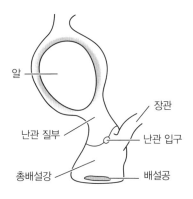

알 ─
난관 질부 ─
총배설강 ─
장관
난관 입구
배설공

알막힘이 생겼을 때 올리브유로 관장하면 알을 낳는다는 말이 있는데, 효과가 전혀 없는 방법이다. 산란이 어려운 이유는 산도가 이완되지 않기 때문이므로 기름으로 관장을 해도 난관 안으로 들어가 윤활유 역할을 하지 못한다. 알막힘이 발생했을 때 집에서 할 수 있는 일은 보온이다. 병원에 갈 때까지 다리가 따뜻해지도록 해주자.

tweet

현상이다. 특히 난관 입구가 이완되지 않은 상태여서 기름이 난관 안으로 들어갈 수가 없다. 배설공에 기름을 주입하면 총배설강 안으로 들어갔다가 그대로 다시 나와 버린다. 깃털만 더러워질 뿐이니 하지 말자. 알막힘이 생겼을 때 집에서 할 수 있는 일은 보온이다. 발의 온도를 체크해 보온이 되고 있는지 확인하자.

조기 치료가 필요한
복부탈장

∙

배가 볼록해지는 특징적인 질병

복부탈장이란 복근이 파열되어 구멍이 생기고 내장이 복강 밖으로 탈출하는 현상이다. 정상적인 장과 난관은 장관복막강 안에 있다. 복부탈장이 생기면 장과 난관은 파열된 복근에서 간후중격肝後中隔에 의해 형성된 탈장 주머니에 싸인 상태로 피하로 탈출하게 된다.

복부탈장의 원인은 만성 발정이다. 알로 인해 복근이 느슨해지고 얇아지는데 이 상태가 지속되면서 복근이 손상되는 것으로 추정된다. 발정을 하면 복벽이 느슨해져 산란 경험이 없어도 탈장이 생긴다. 복부탈장은 주로 사랑앵무 암컷에게 발생하지만 왕관앵무, 모란앵무, 문조에게도 나타난다.

초기에는 배가 조금 나오는 정도지만 좀 더 진행되면 복부가 크게 튀어나오고 탈장 부분의 피부가 황색종으로 노랗게 변한다. 외관상 복부가 크

복부탈장laparocele은 발병해도 한동안은 큰 문제가 없기 때문에 상태를 지켜보자고 말하는 병원이 많다. 아래 엑스레이 사진은 상태를 살피다가 복부탈장이 악화된 사랑앵무의 경우다. 이 정도로 악화된 후에 내가 운영하는 클리닉을 찾는 사례가 끊이지 않는다. 복부탈장은 빠른 수술을 권한다.

tweet

게 튀어나왔다고 해도 달리 합병증이 없다면 생활이나 식욕에는 문제가 없다. 복부탈장이 생겨도 생식기가 정상이면 산란하는 경우도 많다. 하지만 난관이 탈장 부위로 들어가거나 복근 손상으로 배에 힘을 주지 못하면 알막힘이 생길 수 있다.

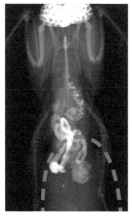
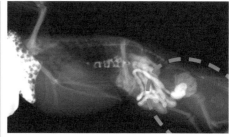

점선 부분이 탈장된 부분.
몸의 대부분을 차지하고 있는 것을 알 수 있다.

223

내장이 복벽 안으로
튀어나온 상태의 사랑앵무.

탈장 초기에 조기 치료를

복부탈장은 중등 레벨의 크기까지는 비교적 위험도가 낮아 수술로 치유할 수 있다. 병원에 따라서는 '누르면 배 안으로 다시 들어가므로 수술하지 않아도 일상생활이 가능하다'라고 말한다. 그러나 복강 외부로 탈출한 장은 서서히 커지다가 어느 순간 배 안으로 다시 들어가지 않는다. 또한 난황성 복막염이 함께 발병하면 복벽과 장이 유착되어 다시 장을 넣을 수 없다. 게다가 탈장 주머니를 형성하는 피부의 황색종이 심해지면 피부가 두꺼워져 수술할 때 출혈이 발생한다.

상태를 지켜보다가 배가 너무 커지고 수술의 위험이 높아진 상태에서 필자의 병원을 찾아오는 경우가 적지 않다. 복부탈장으로 진단받으면 서둘러 수술 받기를 권장한다. 만약 수술을 할 수 없는 병원이라면 서둘러 세컨드 오피니언(176쪽 참고)을 구하자.

늦추는 것이
최선인 통풍

•

새의 통풍은 신부전 때문

사람의 경우, 유전적으로 요산이 지나치게 많이 만들어지거나 신장의 배설 장애, 고기, 맥주 등 퓨린체purine bodies를 많이 함유한 식품을 과잉 섭취할 때 혈액 속 요산이 증가하면서 발생하는 질병이 통풍이다. 병명은 같지만 새의 통풍은 사람의 질병과는 완전히 다르다.

인간에게는 단백질이 함유한 질소의 최종 생성물이 요소이지만 새는 요산이다. 새의 통풍은 신부전으로 요산을 배설할 수 없게 되어 혈액 속 요산 수치가 상승해 발병한다. 그러나 신장 기능의 80~90% 이상을 잃기까지는 발병하지 않는다. 발병하면 요산이 결정화하여 관절에 축적되고 통풍 결절이라 불리는 백색이나 황백색 덩어리가 생긴다. 이를 관절 통풍이라고 한다.

관절에 요산이 축적되면 조직이 급격하게 붓고 염증을 일으키기 때문에

225

통풍이란 몸속에 증가한 요산 성분이 결정을 이루고
그것이 관절에 쌓여 심한 통증을 동반하는 질병이다.
새의 통풍은 신부전이 주요 원인이다. 그 외에도 노화나 비타민A 부족,
암컷의 만성 발정, 비만, 운동 부족 등이 원인으로 작용한다.

아래 사진은 통풍을 앓고 있는 모란앵무의 발로서 붉은색 원 안이
통풍 결절이다. 이 새의 경우는 발병 후 매주 주사와 저주파 치료를
하며 1년 반이나 유지하고 있다. 통풍은 발병 초기에는 아프지만
진행되면 통증이 줄고 진통제로 조절할 수 있는 경우가 많다.

tweet

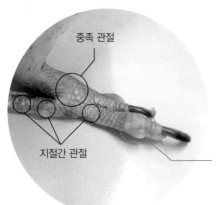

중족 관절

지절간 관절

통풍 결절
지절간 관절 부분이
하얗게 부어올라
통풍 결절을 형성하고 있다.

심한 통증이 생긴다. 새의 통풍은 진행이 매우 빠르다. 매일 결절이 커지고 지절간 관절과 중족 관절이 굳어 발가락을 구부릴 수 없다.

새의 통풍에는 관절 통풍 외에 내장 통풍이 있다. 이는 요산 결정이 복막이나 심장에 침착하는 질병으로 발병하면 급사하는 경우가 많다. 새의 신부전은 치료할 수 없기 때문에 필연적으로 통풍을 고치지 못한다. 통풍의 진행을 늦추기 위해 요산 합성 저해제를 쓰고, 동시에 통증을 완화하기 위해 진통제를 투여한다.

통풍에 대하여

[증상]
지절간 관절, 중족 관절, 족근 관절에 백색이나 황백색의 부종.

[진단]
증상의 특징에 따라 진단한다. 혈액검사에서 요산 수치가 상승한다.

[치료]
- 요산 합성 저해제 투여
- 진통제 투여(통증 완화)

발에 티눈이 박히는
발혹증

●

새의 발가락에도 티눈이 생긴다

범블풋Bumble foot이라고도 하는 발혹증은 발가락이 부어오르는 병으로, 사람으로 치면 못이나 티눈이라 할 수 있다. 발가락에 가해지는 하중이 분산되지 않고 한 곳에 집중되어 발생하며, 발가락의 일부 각질이 굳어 볼록하게 솟아오른다. 염증이 심해지면 육아종이 생기고 서서히 딱딱한 조직으로 바뀌어 발가락이 두꺼워지기도 한다. 욕창이 생겨 피부의 일부가 괴사하면 감염될 수도 있다.

사랑앵무의 발바닥에 생긴 발혹증.
비만으로 인한 몸무게 과다가 원인이었다.

발혹증의 원인은 비만, 발가락에 맞지 않는 두껍고 딱딱한 횃대, 먹이상자의 가장자리 등 모서리 부분에 머무는 습관 등이다. 발혹증은 주로 소염제로 치료하는데 감염이 있으면 항생물질을 사용한다. 비만인 경우에는 먹이 제한과 운동으로 몸무게를 감량한다. 발의 부담을 더는 것도 중요하므로 적절한 굵기의 횃대로 교체하거나 횃대에 신축 붕대를 두르거나 자연목을 사용하는 등 환경을 개선한다.

먹이상자의 가장자리에 계속 머물러 있으면 발혹증에 걸릴 수 있다. 이때는 먹이상자를 바꾸는 동시에 횃대도 교체해 주면 발의 상태가 나아지는 데 도움이 된다. 자연목은 발혹증 치료나 예방 효과 외에도 갉아먹는 등의 행동 풍부화로 이어진다. 기존의 횃대에 보호 테이프를 두르는 것도 발혹증 개선에 효과적이다.

기타

앵무새를 손으로 잡으면 체온을 빼앗는다는 설이 있는데, 깃털이 있는 새에게는 맞지 않는 말이다. 새의 깃털이 공기층을 형성하고 있어 새에게 사람의 열이 직접 전해지지 않는다. 실제로 새를 만져보면 체온이 40℃나 된다고 느껴지지 않는다. 단열을 하고 있기 때문이다. 사람을 신뢰하고 있는 새를 손으로 만질 때는 새의 몸이 열을 발산하지 않게 해주어야 한다. 사람이 안정되어 있을 때 *손의 평균 온도는 32℃다. 방을 따뜻하게 한 상태에서 앵무새를 손으로 부드럽게 감싸면 주변의 공기 온도가 30℃ 정도가 되어 충분히 따뜻하게 해줄 수 있다. 앵무새를 꼭 안아주면 마음도 따뜻해진다. 특히 몸이 쇠약해졌을 때는 불안해하지 않도록 곁에 있어 주자.

새는 꽃가루 알레르기에 걸리지 않을 뿐만 아니라 음식 알레르기나 천식, 알레르기성 피부염 등 알레르기 질환에 걸리는 경우가 극히 드물다. 사실 필자는 한 번도 본 적이 없다. 때문에 새가 재채기나 기침을 하고 지나치게 깃털 고르기를 하는 등 간지러워 하는 듯한 모습을 보여도 알레르기가 원인인 경우는 없다.

*사람의 손은 심부 체온일수록 높고 환경 온도에 따라 달라진다. 사람의 체온인 36~37℃보다는 낮다고 한다.

커튼이 주범인
금속 중독

•

사고의 원인은 주로 커튼의 평형추

일반 가정에서 새에게 많이 발생하는 중독이 중금속 중독이다. 그중에서도 납 중독이 가장 흔한데 커튼의 나풀거림을 막기 위한 평형추가 주요 원인이다. 보통은 바닥과 닿는 밑단의 가장자리 안에 들어 있다. 추의 크기는 매우 작지만, 새를 방안에 풀어놓으면 이것을 찾아 장난감 삼아 노는 새가 많다. 한 번 발견하면 부리로 천을 쪼아 속의 납을 갉아서 삼킨다. 집안의 커튼을 잘 체크해서 미리 제거해두자.

커튼 외에 납이 들어 있는 물건은 낚시 추, 배터리, 땜납, 세라믹제 전자부품, 스테인드글라스, 샹들리에, 와인병 캡, 골프클럽 스윙웨이트, 방음시트 등이다. 보통 부리로 납을 갉아먹게 되므로 중독증은 주로 앵무류에서 발생하고 핀치류에서는 거의 나타나지 않는다.

금속 중독의 증상, 진단, 치료

납 성분을 섭취하면 위 안에서 조금씩 용해되어 흡수되고 결국 혈액 속으로 들어간다. 그 후 온몸의 장기로 이동해 위장의 점막 상피 괴사, 용혈(적혈구 파괴), 골수 억제, 뇌부종 등을 일으킨다. 이로 인해 식욕 저하, 구토, 빈혈, 하혈, 혈뇨, 진한 녹색 변, 분홍색 요산, 경련, 다리와 발의 마비 증상이 나타난다.

진단에는 특징적인 증상과 엑스레이 검사가 이용된다. 보통 엑스레이에

납 중독의 가장 큰 원인은 커튼의 평형추다. 대부분의 커튼에 사용되므로 지금 당장 커튼의 밑단 부분을 점검해서 빼놓도록 하자. 납에 중독되면 식욕 부진, 구토, 식체, 우울, 경련, 강직성 다리 마비 등의 증상이 나타난다.

233쪽의 사진은 납에 중독된 왕관앵무의 배설물이다. 납에 의해 용혈이 생기고 이때 나온 다량의 혈색소를 간에서 처리함으로써, 담즙 속에 빌리베르딘biliverdin어 배설되어 변이 짙은 녹색을 띤다. 또한 붉은 혈색소가 신장에서 배설되면 요산이 분홍색을 띤다.

tweet

232

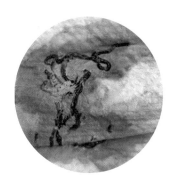

납에 중독된 왕관앵무의 배설물.

서 모이주머니나 위 속의 금속 조각을 확인할 수 있다. 확정 진단을 위해서는 혈액의 납 농도를 측정해야 하는데 채혈이 필요하기 때문에 적극적으로 하지는 않는다.

치료에는 대부분 입원이 필요하다. 탈수 개선을 위한 피하 주사, 소화기 기능 개선 약품 처방으로 위장 연동 회복, 금속 킬레이트제와 해독제를 투여한다. 중독 증상이 조기에 개선되면 내과 치료를 통해서도 회복이 가능하지만, 금속이 배출되지 않을 경우에는 외과적인 근위 절개술을 통해 금속 조각을 적출하기도 한다.

주방 연기 조심!
흡입 사고

●

앵무새는 공기 중 모든 화학물질을 흡수한다

새는 비행 시 근육에 빠르게 산소를 공급하기 위해 매우 효율적인 호흡
시스템을 지니고 있다. 새의 호흡기는 산소뿐 아니라 공기 중 모든 화학
물질을 매우 빠르게 흡수한다. 체중 대비해 같은 양의 화학물질을 흡입했
을 때 사람보다 더 쉽게 흡수한다는 의미다. 따라서 유독 가스를 흡입해
급성 중독 증상을 일으키거나 폐나 기낭에 장애가 생겨 호흡 곤란에 빠지
기 쉽다.

급성 흡입 사고를 일으키는 원인으로는 음식 조리, 페인트나 공작, 살충
스프레이 등이 있다.

흡입 사고에 의한 증상은 크게 둘로 나뉜다. 하나는 흡입한 물질에 의한
자극으로 폐수종을 일으키는 경우로, 체내 공기 공급에 문제가 생기거나
산소를 받아들이지 못해 호흡 곤란이 발생한다. 개구호흡, 호흡 곤란, 습

새의 흡입 사고는 두 가지다. 우선 조리 또는 유기용제에 의한 것으로, 흡입한 물질이 폐수종을 일으켜 호흡 곤란을 겪게 된다. 다른 하나는 유독 가스에 의한 중독으로 살충제가 주요 원인이다. 요리 중에 발생하는 연기와 냄새에 주의하고 페인트를 칠한 경우에는 공기청정기를 작동시키자. 또한 유기용매와 살충제를 같은 공간에서 사용하지 말자.

살충제는 대부분 피레드로이드*pyrethroid*라는 신경독을 사용한다. 이 성분은 '선택적 독성'을 가지고 있어 곤충류, 양서류, 파충류의 신경세포 수용체에 작용하고 반면 포유류, 조류의 수용체에 대해서는 선택적 독성이 없다고 한다. 그러나 실제로는 살충 스프레이나 훈연제에 새가 중독 증상을 일으키는 경우가 있다. 새가 머무는 공간뿐 아니라 가까운 방에서도 사용하지 말자.

성 호흡음, 청색증이 나타나며 엑스레이 검사에서 폐가 백색으로 보인다. 치료를 위해서는 스테로이드제나 이뇨제를 투여하고 산소실에서 폐의 부종이 가라앉기를 기다리는데 완치에는 시간이 걸린다. 부종이 조기에 개선되지 않으면 손쓸 수 없는 경우도 생긴다.

다른 하나는 유독 성분 흡입에 인한 중독 증상으로 경련, 의식 장애, 다리의 강직성 마비, 구토, 호흡 곤란 등을 일으킨다. 치료를 위해서는 피하 주사와 증상에 맞춘 대증요법을 쓴다. 중독이 조기에 개선되지 않으면 다 발성 장기 부전을 일으켜 도울 수 없는 경우가 많다. 사육 환경에 충분한 주의를 기울이자.

흡입 사고의 4대 원인

① 식용유의 연기

조리에 사용하는 기름은 200℃를 넘으면 연기가 난다. 새가 이 연기를 마시면 흡입 사고로 이어진다. 조리 후에 새의 상태가 나빠졌다면 대부분 기름 연기가 원인일 경우가 많다.

② 불소 코팅된 프라이팬

불소 수지 코팅된 프라이팬에서 발생하는 유독 가스도 흡입 사고의 원인이다. 불소 수지는 260℃를 넘으면 열화되고 350℃ 이상이 되면 분해되어 유해가스가 발생한다. 일반적인 조리 온도에서는 유해 가스가 거의 발생하지 않지만 내용물 없이 불에 올리거나 오븐에 넣는 것은 금해야 한다.

③ 유성 페인트, 공작용 접착제, 스티커 제거제

최근 외장 페인트는 대부분 수성을 사용하지만 드물게 유성을 쓰기도 한다. 유기용제가 들어 있는 유성 페인트는 시너 냄새가 특징이다. 공작이나 프라모델에 사용하는 접착제, 스티커 제거제, 네일용 재료에도 유기용매가 들어 있다.

④ 살충 스프레이

현재 살충제의 90% 이상은 피레드로이드계 성분을 사용한다. 모기향의 유효 성분도 피레드 로이드계이다. 이는 곤충류, 양서류, 파충류의 신경세포 수용체에 작용하는 신경독으로 '선 택적 독성'을 가진다. 즉 사람, 포유류, 조류의 수용체에는 독성이 없어 안전하다는 것이다. 그러나 살충 스프레이를 직접 새에게 뿌리면 중독 증상을 보이는 경우가 있다. 실제로 새가 가려워하는 것 같아 진드기가 있다고 생각한 사육자들이 새 전용 살충 스프레이를 앵무새에 게 직접 뿌리는 경우가 있는데 이때 중독 증상을 보일 수 있다. 피레드로이드계 살충제 중에 는 사람도 과잉 흡입하면 중독 증상을 일으키는 제품이 있다.

앵무새에겐
치명적인 화상

•

예기치 못한 사고는 주의하면 막을 수 있다

가정에서 일어날 수 있는 사고 중에서도 화상은 통증이 가장 오래가고 낫는 데 시간이 걸린다. 앵무새는 몸이 작은 만큼 체표면에 대해 화상의 범위가 넓고 피부도 얇아 중증도가 심각하다. 화상은 손상 정도에 따라 뒤의 그림처럼 분류할 수 있다.

가끔 앵무새가 불에 올린 냄비나 뜨거운 국물에 날아드는
사고가 발생하곤 한다. 소형 새일수록 넓은 부위에 중증 화상을
입기 쉽다. 입에서 목, 가슴, 복부, 다리에 이르기까지
뜨거운 물에 노출되기 때문이다. 새는 피부가 얇고 특히 다리는
뼈와 피부밖에 없기 때문에 쉽게 괴사한다.
요리나 식사 중에는 새장 밖으로 풀어놓지 않도록 하자.

tweet

237

화상은 사람이 주의하면 충분히 예방할 수 있는 반면 만일의 경우에는 돌이킬 수 없는 심각한 결과로 이어진다. 요리나 식사 중, 차나 커피, 기름 스토브, 전기 포트, 밥솥, 다리미 등 열이 나는 기계를 사용할 때는 항상 주의를 기울이자.

치료는 피부의 염증과 감염을 예방하기 위한 항생물질을 투여하고 피부의 재생을 기다린다. 발의 화상은 3도 화상일 경우가 많아 피부 재생에 많은 시간이 걸리고, 건조하면 발이 괴사할 수도 있다. 건조를 예방하기 위해 *습윤요법을 쓰기도 한다.

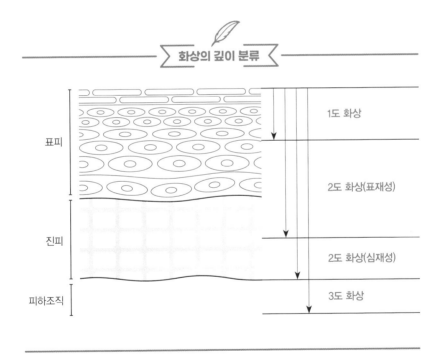

화상의 깊이 분류

표피	1도 화상
진피	2도 화상(표재성)
	2도 화상(심재성)
피하조직	3도 화상

*습윤요법 환부를 건조시키는 기존의 치료법과는 달리, 습윤 밴드로 환부를 덮어 습도를 유지한다.

1도 화상

경도 화상으로 표피만 손상을 입은 경우다. 가볍게 붉어지고 부종이 보이지만 조기에 개선된다. 순간적으로 뜨거운 열에 노출되었을 때 발생한다.

2도 화상(표재성)

표피~진피 표층까지 손상을 입은 경우다. 1도 화상보다 붉고 부종이 보인다. 열 손상을 입은 후 24시간 이내에 붉은 물집과 부종이 생기고 통증을 동반한다. 완치에는 2~3주 걸린다.

2도 화상(심재성)

표피~진피 심층까지 손상을 입은 경우다. 진피 깊이까지 손상을 입으면 매우 붉게 부풀고 백탁색의 물집이 잡힌다. 감각이 둔해져 처음에는 통증을 느끼지 못할 수 있지만 서서히 통증이 생긴다. 완치까지는 3~4주 걸린다.

3도 화상

표피, 진피층은 물론 피하조직까지 피부 전층 또는 그보다 더 깊이 손상을 입은 경우다. 3도 화상을 입으면 환부 표면이 괴사 조직으로 덮여 피부는 백색 또는 황갈색을 띠다가 서서히 괴사하여 검은색이 된다. 신경이 손상되어 처음에는 아파하지 않다가 대부분 치유 과정에서 강한 통증을 느낀다. 화상 부위에 따라 다르지만 완치까지 1개월 이상이 걸린다. 뜨거운 물이 깃털에 묻어 열 손상이 길어진 경우나 다리가 뜨거운 물에 들어간 경우에 발생한다. 화상의 범위가 넓고 위중도가 높으면 손쓰기 어려울 수도 있다.

벚꽃모란앵무의
저온 화상

●

저온 화상에도 큰 상처를 입는다

체온보다 조금 높은 온도(44~50℃)에 장시간 노출되면 저온 화상을 입게 된다. 노출된 시간과 기간에 따라 다르지만 저온이라고 해서 손상 정도가 가볍지만은 않다. 239쪽에서 소개한 1~3도의 화상을 입을 수 있다.

벚꽃모란앵무가 발에 저온 화상을 자주 입는데, 발을 다치고도 숨기고 있다가 발각되는 경우가 종종 있다. 충분히 다른 곳으로 피할 수 있는데도 화상을 입는 것을 보면, 모란앵무가 약한 자극에 둔감하기 때문일 수도 있다. 왜 피하지 않는지에 대한 정확한 이유는 알 수 없다.

저온 화상을 입은 벚꽃모란앵무의 발

물론 다른 종에서도 저온 화상의 사례를 찾아볼 수 있다. 1회용 핫팩 외에도 20W의 반려동물용 히터에서 저온 화상이 발생하기도 한다. 20W 히터를 사용할 경우에는 위에 올라오지 못하도록 덮개를 씌우거나 좀 더 와트 수가 높은 것을 새장 밖에 설치해 새가 접촉할 수 없도록 하자.

모란앵무는 저온 화상을 입기 쉬우므로 주의하자.
옆의 사진은 핫팩에 올라갔다가 저온 화상을 입은 벚꽃모란앵무의
왼쪽 첫째 발가락 모습이다. 벚꽃모란앵무는 히터 위에 올라가
시간을 보내다 화상을 입는 경우도 많으므로 와트 수가 높은 히터는
새장 밖에 설치하고 온도 조절기를 사용하는 것이 안전하다.

tweet

243

◇ 당신은 언제나 옳습니다. 그대의 삶을 응원합니다. – **라의눈 출판그룹**

새 전문 수의사가 알려주는
앵무새와 오래오래 행복하게 사는 법

초판 1쇄 | 2022년 8월 16일

지은이 | 에비사와 카즈마사   옮긴이 | 이진원
펴낸이 | 설응도   편집주간 | 안은주
영업책임 | 민경업   디자인 | 박성진

펴낸곳 | 라의눈

출판등록 | 2014 년 1 월 13 일 (제 2019–000228 호)
주소 | 서울시 강남구 테헤란로 78 길 14-12(대치동) 동영빌딩 4층
전화 | 02-466-1283   팩스 | 02-466-1301

문의 (e-mail)
편집 | editor@eyeofra.co.kr
마케팅 | marketing@eyeofra.co.kr
경영지원 | management@eyeofra.co.kr

ISBN 979-11-92151-28-1   13490